Geniale Texte

PETRA VAN LAAK

Geniale Texte

FÜR HOTELLERIE UND GASTRONOMIE

MATTHAES VERLAG GMBH

Ein Unternehmen der dfv Mediengruppe

INHALTSVERZEICHNIS

D DER DIGITALE GAST 96

DIE DIGITALE KOMMUNIKATION MIT DEM GAST WIRD IMMER WICHTIGER.
DIGITALE KANÄLE WIE WEBSITE, E-MAIL-KORRESPONDENZ, APPS, SOCIAL
MEDIA USW. BRAUCHEN RAFFINIERTE TEXTE.

E DAS MINIMAL-TURBO-PROGRAMM 150

WENIG ZEIT? KENNEN WIR. HIER LIEFERN WIR DIR IDEEN FÜR DIE
TEXTERSTELLUNG, DIE SICH MIT EINEM MINIMAL-AUFWAND VERWIRKLICHEN
LASSEN. DU SCHAFFST DAS.

F WENN MEHR ZEIT ODER EIN DIENSTLEISTER DA IST 168

EIN BISSCHEN LUFT? UMSO BESSER! IN DIESEM ABSCHNITT SIEHST DU,
WAS DU UND/ODER DEIN DIENSTLEISTER SONST NOCH ALLES DURCH
GUTE TEXTE ANSTELLEN KÖNNTE. ALLES KANN, NICHTS MUSS.

G ANHANG 191

Hinweis: Dieses Buch enthält unverbindliche Informationen. Die Autorin übernimmt keinerlei Gewähr für die Aktualität, Korrektheit, Vollständigkeit oder Qualität der bereitgestellten Informationen, die auch keine individuelle Rechtsberatung darstellen.

BEVOR ES LOSGEHT

Wenn du's dir mal genau überlegst: Als Hotelier und Gastronom hast du viel mit Texten zu tun: E-Mails und Newsletter schreiben, die Texte von Broschüren und Flyern müssen sitzen, und dann gibt es da noch die ganzen Web-Kanäle: Website, Facebook, Instagram und andere Auftritte im Internet. Lass uns raten: Du hast eigentlich keine Zeit dafür? Und es ist nicht genug Geld da, um die Verantwortung für Texte und Inhalte an spezialisierte Agenturen abzugeben? – Aha. Wer sitzt also nach einem anstrengenden Arbeitstag am Rechner und versucht, sich gute Texte aus den Fingern zu saugen? Genau: der Inhaber, der Marketing-Assistent, die Küchenchefin, die Hausdame, kurz: du!

Mit diesem Buch machen wir es dir und den anderen fleißigen Leuten mit Textverantwortung in deinem Betrieb leichter. Wir wissen, dass du wenig Zeit hast, und deshalb gibt es handfeste Praxistipps fürs Schreiben und unzählige Anregungen, wo du überall deine genialen Texte unterbringen kannst. Und nebenbei erfährst du, warum Texte in der Hotellerie und Gastronomie so wichtig sind und wie du mit guten Texten deine Gäste überzeugst, z. B. mit ansprechenden Bezeichnungen für Menüs, Unterkünfte und Orte.

Das hier ist übrigens kein Ratgeber, sondern ein Tat-Geber. Am Ende jedes Kapitels gibt es eine praxistaugliche Checkliste, mit der du das neue Wissen schnell in die Tat umsetzen kannst. Wenn du noch nicht weißt, ob ein bestimmtes Kapitel für dich relevant ist, lies dir nur den Anfang durch: »Das Kapitel in 7 Sekunden«. Danach kannst du immer noch weiterblättern oder dich in das Kapitel vertiefen.

Du hast zu diesem Buch gegriffen – und damit bist du deinen Mitbewerbern eine Nase lang voraus. Klasse! Dann mal los. Zeig es den anderen!

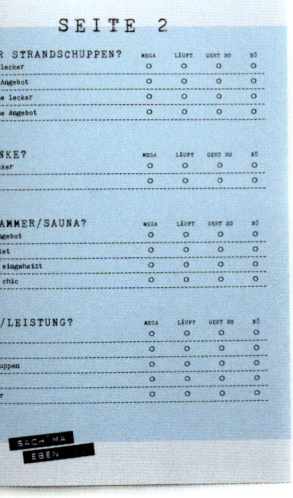

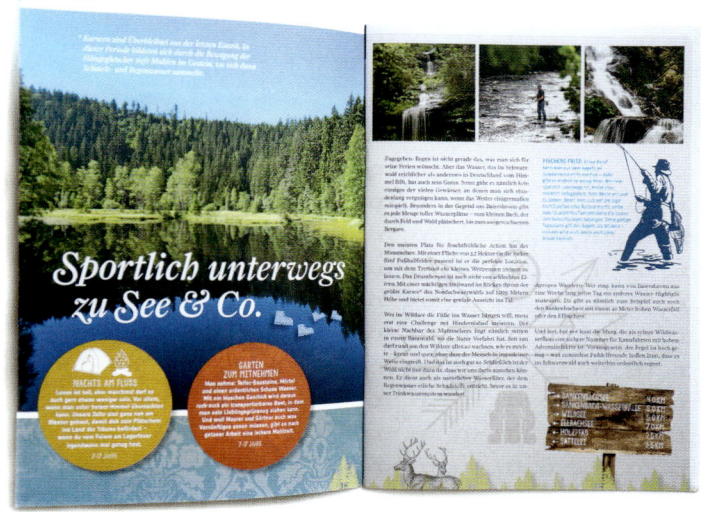

MACH DICH
STARTKLAR

Noch längst nicht allen Hoteliers und Gastronomen ist klar, wie viel sich über gut geschriebene Texte erreichen lässt. Texte entscheiden über die Beziehung zum Gast. Und in den nächsten Jahren wird die mündliche und schriftliche Kommunikation mit dem Gast noch wichtiger. Warum? Weil sich da an vielen Schrauben drehen lässt. Erst langsam kapieren die Betriebe, dass sich aus der Art und Weise, wie gesprochen und geschrieben wird, jede Menge Kapital schlagen lässt. Und genau deshalb gibt es dieses Buch. Sieh dir an, wer's schon draufhat, staune, lerne – und mach es noch besser.

DIESE KOLLEGEN HABEN ES DRAUF
WER ES SCHON ALLES UMGESETZT HAT

DAS KAPITEL IN 7 SEKUNDEN

* Einige Kollegen machen es vor: Sie haben die Bedeutung von guten Texten begriffen und setzen sie über unzählige Kontaktpunkte hinweg ein.
* Emotionen und Humor haben noch keinem Text geschadet.
* Positiv aufgeladene Begriffe ziehen den Leser schnell in den Bann des Textes.
* Die geglückten Texte sind deshalb so gut, weil sie exakt auf die jeweilige Zielgruppe hin zugeschnitten sind.
* Offenheit und Ehrlichkeit sind extrem wichtig. Wer zudem noch ein Näschen für Dramaturgie hat, erreicht den Leser im Handumdrehen.
* Nirgends lernt man besser texten als durch gute Vorbilder.

Nur kein Neid, wenn Kollegen etwas richtig gut machen. Schau es dir genau an und genieße ihren Einfallsreichtum. An diesen Vorbildern kannst du dich gut orientieren, ohne dass du dabei zum Nachmacher wirst. Wir zeigen hier einige Kollegen, die sich durch ihre Texte (und durch noch mehr) wohltuend von der Konkurrenz abheben. Hingucken erwünscht.

VON BUDEN, BUTZEN UND DER HOLZKLASSE

Mit einer großen Portion Humor, überraschenden Formulierungen und Wortschöpfungen geht dieser Betrieb auf seine Gäste zu. Die Bretterbude wurde als »Hotelimmobilie 2017« vom Hotelforum ausgezeichnet, und tatsächlich, es gibt eine Linie vom durchdachten Architekturkonzept zum konsequenten Textprinzip, das sich an allen Kontaktpunkten im Betrieb bemerkbar macht. In der Laudatio bei der Verleihung des Preises zur Hotelimmobilie 2017 heißt es:

»Die Bretterbude ist im positiven Sinne des Wortes eine Bretterbude: von der in unterschiedlichen Hölzern gestalteten Fassade angefangen, über individuell gestaltete Bretterbutzen, bis zur Knetkammer und dem Plankenverleih ist das Thema Holz überall präsent, und zwar rau und klar, aber auch herzlich, wie es der Sprache der Ostseeküste entspricht.« (Andreas Martin, Geschäftsführer des Veranstalters Hotelforum Management GmbH)

Hast du's gemerkt? Da ist von »rau und klar« die Rede, auch »herzlich«, und: »... wie es der Sprache der Ostseeküste entspricht«. Genau das zieht der Betrieb tatsächlich überall durch. Wenn du dir die Texte durchliest, weißt du sofort, was dich als Gast erwartet. Es gibt kein Drumherum-Labern, keine langweiligen Phrasen, keine beschönigenden Formulierungen. What you see is what you get. Die Texte säuseln dir nicht um die Ohren, sondern sagen, was Sache ist. Das passt. Und es passt deshalb besonders gut, weil zur Zielgruppe junge Kiter und Surfer gehören, denen du nichts vormachen kannst, weil die erst ab Windstärke 6 ins Wasser gehen.

SO SIEHT DER TEXT AUF DER STARTSEITE AUS:
BOCK AUF BRETT?
Bretterbude, Holzklasse – Dachschaden? Keine Sorge, so schlimm ist es nicht. Weiterlesen hilft!
Was ist die Bretterbude?
Die Bretterbude ist Schlafkoje, Rückzugs-Area, Regenerationsraum, Speisesaal und Kleiderkammer. Ideal für dich, deine Freunde und deinen Bulli. Ohne viel Tamtam, aber dafür mit Platz für das Wesentliche.
Für wen ist die Bretterbude?
Für Freiheitsdiven, Wasserakrobaten, Boardliebhaber, Naturfetischisten und Konventionsbrecher – kurzum: Für alle, die keinen Bock auf Langeweile haben, sondern kreativ und eigen sind – selbst mit Brett überm Kopf.

»Gemütlich eingerichtete Zimmer mit Meerblick? Ausgestattet mit Doppelbett, Dusche und WC?« Gähnst du schon? Wir auch. Die Bretterbude macht das viel besser und beschreibt eines ihrer kleinsten Zimmer so:

PLATZSPARER MIT DURCHBLICK
Die kleine, feine Butze mit Sternschnuppen-Freiluftkino, dem Traum vom Meer und Gemütlichkeits-Overkill.
Unsere Kleinen sind gemütlich eingerichtet – perfekt zum Abschalten nach einem anstrengenden Tag auf dem Wasser. Das große Doppelbett haben wir direkt vors Fenster gepackt: Zum einem, um keinen Platz zu vergeuden. Zum anderen, damit ihr von dort aus den perfekten Blick habt: Sternschnuppen-Freiluftkino vom Bett aus quasi. Für euren Kram findet ihr außerdem ordentlich Stauraum. Und natürlich gibt es auch ein eigenes Badezimmer mit Dusche und Haartrockner.
Was gehört außerdem zum perfekten Urlaub? Richtig, der passende Soundtrack! Um den zu kreieren, habt ihr in eurer Butze auch ein Radio. Damit könnt ihr ganz entspannt via Bluetooth eure eigene Mucke hören – oder euch morgens unter der Dusche informieren, was sonst so in der Welt abgeht. Für alle, die schnell auf Entzug sind, haben wir auch den obligatorischen Flat-TV in allen Butzen.
Du bist unsicher, ob die Butze vielleicht zu klein ist? Dann bedenke Folgendes und wähle weise:
Rechenbeispiel: Nehmen wir mal an, ein durchschnittliches Kiteboard ist 140 cm lang. Ihr teilt euch die kleine Butze, habt also zwei Boards dabei. Die Butze ist 12,3 qm groß. Wie viele Kiteboards könnte jeder von euch zusätzlich mitbringen?
Überzeugt?
Dann mal zu! Die Butzen gibt es schon für ein paar Groschen!
www.bretterbude.de

Die Jungs und Mädels von der Bretterbude treiben das noch weiter: im Flyer, Aufsteller usw. Sehr konsequent, sehr aufmerksamkeitsstark und auf jeden Fall sehr merkfähig.

WAR GEIL?
BEWERTE UNS AUCH BEI
WWW.HOLIDAYCHECK.DE
WWW.BOOKING.COM
WWW.TRIPADVISOR.DE
ÜBRIGENS, POSTEN FETZT:
bretterbudehotel
#bretterbude_hotel

Butzen-Nr.: _____   Abreisedatum: _____

KOMM
RUHIG REIN,
ICH FÜHRE
MEIN HERRCHEN
GASSI.

www.BRETTERBUDE.de

HÄPPI
BÖRTSDEY!

WIE AB
DU GEHST!

www.BRETTERBUDE.de

11

DAS SYMPATHISCHE FAMILIENHOTEL

Das Hotel Bareiss in Baiersbronn steht für etwas ganz anderes als die Bretterbude. Seine Themen sind Tradition, Familie und Erholung. Auf seiner Startseite findet sich ein – erfrischend kurzer – Text, der wie eine Filmszene beginnt, sich langsam steigert, Tempo zulegt, um schließlich in der vom Gast heiß ersehnten Unterkunft zu enden. Die verstehen etwas von Dramaturgie.

WILLKOMMEN IM BAREISS
Dunkle Tannen, von der Sonne beleuchtet. Sanfte Hügel und rauschende Bäche. Die Straße schlängelt sich Ihrem Ziel entgegen. Ihre Vorfreude wächst. Durch Freudenstadt, Baiersbronn und – Mitteltal. Endlich! Das ganze Jahr haben Sie sich darauf gefreut. Auf den Urlaub. Auf das Bareiss. Herzlich willkommen!

Dieser Betrieb kennt seine einzelnen Zielgruppen sehr genau. Er weiß, dass für Eltern ein Urlaub erst so richtig beginnt, wenn auch die Sprösslinge gut untergebracht und zufrieden sind. Und genau darauf gehen die Betreiber in kluger Weise mit dem Menüpunkt »Junge Gäste« auf der Website ein:

DIE WICHTIGSTEN MENSCHEN DER WELT
Das Bareiss ist ein Familienhotel. Und darum kümmern wir uns vor allem auch um unsere jungen Gäste. Wir tun nahezu alles dafür, dass sie sich bei uns wohlfühlen. Viele, die vor fünfzig Jahren unsere jungen Gäste waren, kommen heute mit ihren eigenen Enkelkindern wieder. Die genauso wie ihre Großeltern so gerne im Bareiss sind, dass der Abschied jedes Jahr schwerfällt. Gut, dass es immer ein nächstes Mal gibt!

DIE WELT IST NOCH HEIL IN MITTELTAL
Was könnte es Schöneres geben als einen entspannten Urlaub mit der Familie? In dem sich alle wohlfühlen, weil jeder machen darf, worauf er Lust hat! Und am Abend sitzen Kinder, Eltern und Großeltern gemeinsam beim Essen und erzählen sich, was sie erlebt haben. So viel Spaß hat man einfach nur im Bareiss.

Hier wird das Bild einer heilen Familienwelt entworfen, in der sich alle Generationen gut verstehen. Dem Gast wird unterschwellig bewusst, dass dieses Hotel das friedvolle Szenario nicht nur für ihn entwirft, sondern während seines Aufenthalts dafür sorgt, dass es wahr wird. Für ein paar Tage wenigstens.

Interessant ist auch der Gebrauch einzelner, positiv besetzter Wörter, auf die jeder Urlauber sofort anspringt. Lies dir diesen Text einmal durch und wähle die Wörter aus, die bei dir sofort angenehme Gefühle auslösen:

SCHENKEN SIE DEM TAG EIN LÄCHELN!

Und Sie werden sehen: Der Tag lächelt zurück. Bei uns im Hotel Bareiss sind alle Tage von einer herzerfrischenden Heiterkeit. Genießen Sie also Ihre Ferien. Egal, ob Sie Frühaufsteher sind oder gerne ausschlafen, ob Sie es ruhig angehen lassen oder ob Sie vor Energie strotzen, ob Sie im Strandkorb sitzen mit einem guten Buch oder den Baiersbronner Wanderhimmel erobern – lassen Sie es sich einfach gut gehen. Dafür sind Ferien da. Und dafür gibt es das Bareiss.

www.bareiss.com

Sind sie dir aufgefallen? Lächeln, herzerfrischend, Heiterkeit, vor Energie strotzen, Wanderhimmel … gut gemacht, denn sie sprechen die Sinne des Lesers an. Wie du den Gast in deinen Texten über seine einzelnen Sinne erreichen kannst, erfährst du in **KAPITEL 6**. Ist dir übrigens auch aufgefallen, dass am Ende jedes Textabschnitts »Bareiss« steht? Ein sehr gutes Stilmittel, um dem Leser die Marke einzurichten.

DIE ETWAS ANDERE PIZZERIA IN FÜRSTENFELDBRUCK

Hier geht es im Kern um gemeinsames Essen, um Freundschaft, um Sich-Wohlfühlen im Kreis von netten Leuten. Wenn die Gemeinschaft eine so wichtige Rolle spielt, schlägt sich das auch in den Texten nieder: Die Ansprache ist durchweg sympathisch, wir werden mit Du angesprochen – und das passt sehr gut zum gesamten Style der Marke.

Unter dem Menüpunkt »Unsere Martha« findest du diesen herzlichen Text:
Was ist das Besondere an der MARTHA PIZZAREI? Wir haben einen Ort geschaffen, an dem sich Menschen begegnen, der Gast zum Freund wird, der mit allen Sinnen genießen und eine gute Zeit haben kann. In der MARTHA geht es also neben dem Essen und Trinken auch um Geselligkeit, Genuss und Wohlfühlen.
Wir lieben das südliche Lebensgefühl und den Genuss am gemeinschaftlichen Essen und Trinken. In der MARTHA könnt Ihr genau das mit Eurer Familie, Freunden oder Kollegen genießen. Wie zu Hause, nur dass wir Euch als unsere Gäste verwöhnen!
Alle Gerichte, die mit einem Herz markiert sind, können ab 4 Personen als Tischbuffet in Schüsseln, Reinen, Töpfen oder auch auf unserer exklusiven, eigens entwickelten Pizza-Etagere bestellt werden. Dazu bekommt Ihr kleine Teller und Besteck und könnt so von allem probieren und nach Herzenslust Euren eigenen Teller zusammenstellen.
In der MARTHA PIZZAREI wird Essengehen zu einem Rundum-Erlebnis. Und wer dieses Gefühl auch mit nach Hause nehmen möchte, der findet in der kleinen Laden-ecke exklusive MARTHA-Produkte.
Schön, dass Ihr bei uns seid!
www.martha-pizzarei.de

Im Text tauchen sie auf, die positiv aufgeladenen Wörter, z.B. genießen, Herz, Sinne, Gefühl, verwöhnen, Herzenslust, Erlebnis, schön, Lebensgefühl, Gemeinschaft, Gesel-ligkeit usw. Obwohl hier so viele Emotionen im Spiel sind, wirkt der Text nicht kitschig. In Kombination mit den Fotos von der Location und dem sympathischen Team nehmen wir das den Leuten von Marthas Pizzarei sofort ab.

EMOTION SELLS

Das Schweizer Hotel Privata im Engadin setzt alles auf die Gefühlskarte. Sie fahren eine klare Linie in ihren Texten: Wir holen unseren Gast auf der sinnlichen Ebene ab. Und das sieht auf der Startseite der Hotel-Website zum Beispiel so aus:

BERÜHRT. DIE SEELE UND DEN GAUMEN.
Bergfrische und Herzenswärme erleben. Lebenskraft, geschöpft aus der Natur, der Landschaft, berührt die Seele. Farben und Düfte verzaubern. Unvergleichliche Schönheit und Ruhe wecken vollkommenes Glücksgefühl. Willkommen im Engadin, dem Hochtal des Lebensgenusses. Willkommen im Hotel Privata, dem Haus der Behaglichkeit.
www.hotelprivata.ch

Jetzt musst du nicht denken, dass die Schweizer Kollegen in Gefühlsduselei abrutschen, nein, sie achten auf eine gute Struktur und geben dem Besucher der Website durch eine einleuchtende Menüführung Orientierung. Bei so kurzen, durchdachten Texten darf man sich ruhig mal große Gefühle erlauben. Hier ein paar Beispiele:

Zimmer & Preise: Die Liebe zum Detail. Geborgen sein. Es duftet nach Arvenholz und sonnenfrischer Bettdecke. Wohligkeit wartet unter ihr.
Kulinarik: Südlich intensiv leuchtet der Himmel über dem Engadin. Kraftvoll ist, was hier in den Bergen gedeiht.
Zimmer: Jedes Zimmer ein Kleinod und jedes ist anders. Im Parterre lädt die Arvenstube ein. Da werden wir beisammensitzen. Die Ruhe genießen. Am heimeligen Ort das Auge weiden. Nach dem Schlummertrunk müde und zufrieden unters Dach steigen.
www.hotelprivata.ch

Warum sind diese kleinen Texthappen so gefühlvoll? Weil sie alle Sinne des Lesers ansprechen. Wir haben nämlich nicht nur den Sehsinn, sondern haben auch Antennen fürs Hören, Riechen, Schmecken und Fühlen. Die Kollegen wissen, was sie tun. Hier ein paar Wörter und Wortgruppen aus ihrem Fundus:
* Bergfrische, Herzenswärme, berührt die Seele, Haus der Behaglichkeit, Wohligkeit wartet (Fühlen)
* Farben verzaubern, intensiv leuchtet der Himmel, das Auge weiden (Sehen)
* Düfte verzaubern, es duftet nach Arvenholz und sonnenfrischer Bettdecke (Riechen)
* Schlummertrunk (Schmecken)
* Heu knistert (Hören)

Wenn du noch mehr über diesen Texter-Kniff wissen willst, lies weiter in **KAPITEL 6**, »Der gute Ton«.

FAST WIE ZU HAUSE

Das Hotel Altstadt Vienna erzeugt an allen Kontaktpunkten ein Rundum-Willkommenheitsgefühl, ähnlich wie es das »Hotel Mama« tut. Auf unaufdringliche Weise suchen die Kollegen schon auf der Website den Kontakt mit dem Gast. Ein freundliches kleines Chat-Angebot taucht nach kurzem Surfen auf der Seite unten rechts auf. Man kann, muss aber nicht auf das Dialogangebot eingehen.

In jedem Header der Website steckt eine starke Emotion in der Kombi aus Bild und Text: Auf der Startseite heißt es schlicht »Lebensgefühl«, und so geht es auf den Folgeseiten weiter:

MENÜPUNKT »ESSEN«: EINFACH GUT
Wir lieben gutes Essen. So manch einer munkelt, das Altstadt Vienna habe das beste Hotelfrühstück in Wien. Das behaupten wir nicht. Sie werden anderorts sicher Kaviar und Champagner finden. Bei uns nicht. Dafür den besten Schinken Wiens. Resches Brot und Butter aus Omas Porzellan-Tiegel. Einfach ehrlich. Einfach gut.

MENÜPUNKT »MENSCHEN«: DIE BASIS
Hier bin ich Mensch. Der Mensch steht im Vordergrund unseres Tuns. Sie als Gast. Aber davor sind wir ein bisschen egoistisch. Und schauen auf uns. Denn nur, wenn es uns gut geht, strahlen wir. Sie an.
Hier darf ich's sein. Professionelle Gastgeber, jedoch keine Roboter. Herzliche Menschen, jedoch mit Ecken und Kanten. Wir lachen und weinen, wir tanzen und sinnieren. So sind wir. So dürfen wir sein.

MENÜPUNKT »DIE MUSE«: KUSS GEFÄLLIG?
Die Muse. Über Kunst, Kultur und Design. Inspiration gefällig? Gerne erzählen wir Ihnen mehr über die Dinge, die wir mögen. Über Kunst und Kultur oder Architektur und Design. Über das Altstadt Vienna, wie auch das Neueste aus Wien. Viel Spaß beim Stöbern, und wir freuen uns, wenn Sie die Muse küsst.
www.altstadt.at

Merkst du, welches Prinzip hier zugrunde liegt? Die Kollegen schildern beide Seiten der Medaille. Und das macht sie so glaubwürdig. »Professionelle Gastgeber, jedoch keine Roboter.« Das nimmst du denen ab. Und du weißt sofort, woran du bist. Erfrischend! Zur Nachahmung empfohlen.

Die Kollegen lassen sich darüber hinaus für weitere Kontakte mit dem Gast textlich auch etwas einfallen. Von der Postkartenserie über die Hotelzeitung bis hin zu Aufklebern.

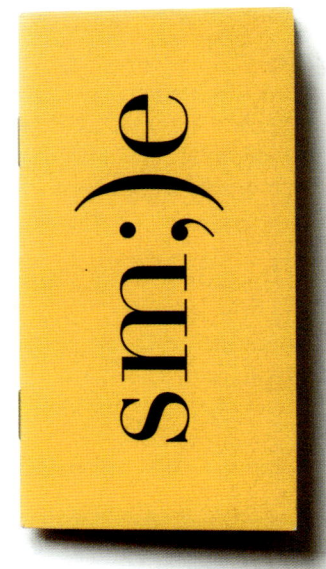

eat
drink
man
woman

altstadt.at

Was braucht man heute zum Glücklichsein?
Einen Ort zum Verschnaufen.
Einen Ort zum Träumen.
Einen Ort, um Kraft zu sammeln
für die Reise in den Alltag oder ins Unbekannte.
Einen Ort für alle, die durchs Leben reisen.

ALTSTADT
VIENNA
The Art of Hospitality

DIE HABEN EINE MISSION, UND ZWAR EINE ECHTE

Die Berliner Metzgerei mit Restaurant Kumpel & Keule poliert das Metzger-Image auf. Die beiden Gründer Jörg Förstera und Hendrik Haase haben 2016 die Goldene Palme und den Leaders Club Award für innovative Gastronomiekonzepte abgeräumt. Sie bekommen auch deshalb so viel Aufmerksamkeit, weil sie für eine ganze Zunft mit großer Vehemenz und Überzeugung eintreten. Die Texte auf ihrer Website lesen sich wie ein Metzger-Manifest:

LANG LEBE DAS EHRBARE HANDWERK
Willkommen bei Kumpel & Keule
Wir sind angetreten, dem Fleisch und dem Handwerk die Würde zurückzugeben.
Im Mittelpunkt unserer Arbeit stehen Transparenz, die handwerkliche Herstellung, die Herkunft des Fleisches und vor allem wieder der Geschmack.
Wir sind Teil einer neuen, jungen Generation von Metzgern, die mit Leidenschaft und Überzeugung auf der Suche nach allumfassender Qualität sind – vom Acker bis auf den Teller.
www.kumpelundkeule.de

Nur, wer eine echte Mission hat, kann so etwas schreiben. Wenn du und dein Betrieb nicht explizit für etwas (ein)steht, formuliert bloß keine Wischi-waschi-Philosophie, sondern lasst es einfach bleiben. Kein Gast wird das vermissen. Wenn ihr für eine bestimmte Sache brennt, dann raus mit der Sprache! Was immer ganz hilfreich ist: sich mit dem bestem Hotel der Welt zu vergleichen.

DAS BESTE HOTEL DER WELT

Welches ist das? Ganz klar: Hotel Mama. Denn Mama erwartet dich vor dem Eintreffen bereits sehnsüchtig, sie weiß deine genaue Ankunftszeit, sie schaut aus dem Fenster oder steht schon in der Einfahrt, wenn du nach Hause kommst, sie kennt dein Leibgericht und hat es schon längst vorbereitet. Sie hat dein Lieblingsbier / deinen Lieblingswein im Kühlschrank, und weil sie weiß, dass dich ab 23 Uhr ein Heißhunger auf Chips oder Gummibärchen überkommt (vergiss deine guten Vorsätze), wird sie dir um Punkt 23 Uhr die Schublade zeigen, in der sie – nur für alle Fälle – ein paar Snacks für dich bereithält. Und ja, du wirst sie essen, ohne schlechtes Gewissen, denn Mama weiß deinen Aufenthalt bei ihr als Ausnahmezustand zu gestalten. Und sie weiß, dass es hier nur darum geht, sich wohlzufühlen und den ganzen Ballast abzuwerfen. Sie hat das wohlbekannte alte Zimmer hergerichtet und fragt vorsichtig nach deinen Plänen. (Sie will dich ja nicht bevormunden, wie sie es früher getan hat, als du noch klein warst.) Sie freut sich über jede einzelne Stunde, die du da bist, und reißt sich zusammen, wenn du ihr mitteilst, dass dein Aufenthalt bei ihr nur ein kurzer sein wird. Sie gibt dir immer etwas zu essen mit auf den Weg, sei es, dass du einen Tag in der Gegend zu tun hast oder für die Rückreise. Sie fragt nicht, **ob** du wiederkommst, sondern **wann** du wiederkommst und duldet eine vage Antwort nur, weil sie dich liebt, bedingungslos und hingebungsvoll.

So ist das mit dem Hotel Mama. Und dein Betrieb? Kommt ihr dem zumindest nahe? Falls ja: Glückwunsch, ihr habt ne echte Mission!

JETZT MACH!

1. So wie ein guter Koch ständig seinen Gaumen und seine Kochkünste trainiert, indem er bei Kollegen essen geht, schau dir als Textverantwortlicher aufmerksam an, wie andere Betriebe mit Wörtern und Sprache umgehen und wo sie überall Texte platzieren.
2. Versuche herauszufinden, welches Prinzip hinter der vorbildlichen Kommunikation anderer Betriebe steckt. Es gibt keine gute Kommunikation ohne ein bestimmtes System dahinter.
3. Nimm deinen Gast ernst, wenn du zu ihm sprichst oder für ihn schreibst. Dein Gast ist immer klüger als du denkst.
4. Schreibe nur dann ein Mission Statement oder eine Betriebsphilosophie auf, wenn ihr eine erkennbare Mission habt.
5. Wenn du eine Mission formulierst, benutze eine normale Alltagssprache und bloß keine verschwurbelten Wichtigtuer-Wörter.

WAS SICH DARAUS FÜR DEINE TEXTE ABLEITEN LÄSST
SCHAU HIN, GENIESSE UND MACH ES MINDESTENS SO GUT

DAS KAPITEL IN 7 SEKUNDEN

* Manchmal hilft Schubladendenken, wenn es darum geht, Gäste-Typen zu identifizieren. Jeder Typ braucht eine eigene Art der Kommunikation.
* Die gesamte Kommunikation mit dem Gast lässt sich um eine gute Idee, um ein merkfähiges Thema herum aufbauen.
* Keine Angst vor Gefühlen. Gäste freuen sich über eine herzliche Ansprache, die Nähe vermittelt, ohne anbiedernd zu sein.
* Es gibt nicht viele Stellschrauben, an denen ein Hotelier und Gastronom drehen kann, um den Betrieb von den Mitbewerbern abzuheben. Das geht nur beim Service und bei der Kommunikation mit dem Gast.
* Eine ehrliche Stimme (geschrieben oder gesprochen) ist ausschlaggebend für die Wertschätzung, mit der ein Gast von deinem Betrieb sprechen wird.
* Gute Kommunikation basiert auf einer großen Idee.

Du denkst vielleicht: Schön und gut, was die Kollegen da machen, aber das passt ja gar nicht zu meinem Betrieb. Klar, denn jeder Betrieb ist anders. Du kannst aber ein paar Grundsätze entdecken, die für deine Kommunikation mit dem Gast und fürs Texteschreiben eine echte Hilfe sind. Der Reihe nach …

WAS SIND DENN DAS FÜR TYPEN?

Kannst du auf Anhieb sagen, wer deine typischen Gäste sind? Wenn ja, bist du klar im Vorteil. Wenn nein, ist vielleicht ein grobes Schubladendenken hilfreich, und das stellen wir dir gleich anhand von vier Gäste-Typen vor. Bedenke aber zuvor, die richtige Perspektive einzunehmen, wenn du an deine Gäste denkst. Denk nicht so viel darüber nach, was du dem Gast verkaufen kannst, sondern überlege, was der Gast für Ansprüche oder gar Aufgaben hat und wie du ihm dabei helfen kannst, sie zu erfüllen bzw. zu lösen.

→ **Der Genießer:** Er will es sich gut gehen lassen und ist bereit, dafür Geld auszugeben. Er kann sauer werden, wenn es nicht gut läuft im Restaurant oder Hotel. Er will sich schließlich zurücklehnen können. Den Genießer erreichst du am besten über eine emotionale Ansprache. Du musst ihm seinen Aufenthalt so richtig schmackhaft machen. Er lässt sich gerne auf eine emotionale Bindung zum Betrieb ein.

→ **Der Gestresste:** Dieser Typ Gast ist nicht freiwillig unterwegs, sondern hetzt von einem Businesstermin zum nächsten. Seine Aufgabe ist es, sich in den wenigen Stunden, die er im Restaurant oder Hotel verbringt, zu erholen und auf das nächste Meeting usw. vorzubereiten. Er will, dass alles einwandfrei funktioniert, ohne Aufwand, gerne digital, vor allem aber muss es schnell gehen. Der Gestresste ist auf Daten und Fakten angewiesen und will kein Drumherum-Gelaber. Texte müssen für ihn klar und übersichtlich sein.

→ **Der Schnäppchenjäger:** Für ihn zählt vor allem der Preis. Er benötigt übersichtlich aufbereitete Informationen und möchte dein Angebot ruckzuck mit anderen vergleichen können. Er erwartet keine innige Beziehung zu seinem Gastgeber, sondern will einen günstigen Service abstauben. Den Schnäppchenjäger überzeugst du mit einem Mix aus sachlicher Ansprache und werblichem Ton.

→ **Der Alltagspraktiker:** Er ist oft mit der Familie unterwegs, und da muss das Drumherum einfach praktikabel sein. Infos müssen gut strukturiert und schnell zu erfassen sein. Der Alltagspraktiker erhört dich sofort, wenn du ihm seine Vorteile klarmachst und dein Angebot nachvollziehbar beschreibst. Er lässt sich sogar auf eine emotionale Bindung zu deinem Betrieb und dem Team ein, vorausgesetzt, es hat sich alles gut in seinen Alltag (und das kann auch der Urlaubsalltag sein!) eingefügt.

Na? Welches ist dein typischer Gast? Ganz klar, es gibt nie nur Gäste aus einer dieser Schubladen, sondern deine Klientel wird sich aus mehreren Typen zusammensetzen. Trotzdem ist es wichtig zu wissen, ob es vielleicht eine besonders große Schublade gibt, aus der besonders viele deiner Gäste kommen. Darauf schneidest du dann nämlich deine Kommunikation zu.

Du willst lieber, dass sich alle gleichermaßen angesprochen fühlen? Vergiss es, du kannst es nie allen recht machen, das gilt auch für deine genialen Texte. Und hinzu kommt noch, dass das Verhalten deiner Gäste immer wieder Veränderungen unterworfen ist – besonders im Zuge der fortschreitenden Digitalisierung.

DEINE KOMISCHEN GÄSTE

Eine Studie der IHG [InterContinental Hotels Group] identifiziert vier paradoxe Verhaltensweisen des heutigen Gastes:
1. Für sich sein wollen und doch verbunden sein: Dein Gast hat das Bedürfnis nach Individualität und Rückzug – gleichzeitig möchte er dauernd mit digitalen Communitys, mit Markenwelten und mit analogen (echten) Menschen verbunden sein.
2. Besonderen Luxus erleben wollen und es bezahlen können: Hier musst du für deinen Gast den Wunsch nach Erleben auf höchstem Niveau und sein schmales Budget zusammenbringen.
3. Ein besserer Mensch werden wollen und ein besseres Wir leben: Dein Gast konzentriert sich einerseits darauf, sich selbst zu optimieren, gleichzeitig engagiert er sich für eine bessere Welt.

4. Alles selbst in der Hand haben wollen und exzellenten Service erleben wollen: Der Gast als Kontrollfreak. Und zudem will er noch (ungefragt) alles in seinem Sinne präsentiert bekommen.

http://careers.ihg.com/articles/addressing-paradoxes-age-i-best-practices

Jetzt kannst du deine Gäste glatt für verrückt halten. Und das sind sie. Genauso verrückt wie du. Wenn du unterwegs bist, verhältst du dich nämlich auch so. Daran kann niemand etwas Schlimmes finden. Mach als Gastgeber einfach das Beste draus.

WAS SEID IHR DENN FÜR EIN LADEN?

Wenn du in etwa weißt, aus welcher Schublade deine Gäste kommen, hast du auch eine ungefähre Vorstellung davon, wie du mit ihnen kommunizieren solltest. Schau dir noch mal deinen eigenen Betrieb an: Was ist typisch für euch? Was ist das Besondere an deinem Betrieb? – Das ist die Frage nach der USP [Unique Selling Proposition].

Die Kollegen von der Bretterbude **(SIEHE KAPITEL 1)** wissen, dass ihre Gäste ein Mix aus Genießern und Alltagspraktikern sind. Und sie haben sich hingesetzt und überlegt, was ihr Hotel so einzigartig macht. Ihre Idee: Sie konzentrieren sich auf die Surfer, Badenixen und wettererprobten Strandläufer als Zielgruppe. Was brauchen die? Eine gute, solide Unterkunft, bezahlbar, kein Chi-Chi, kein Überangebot an Service, aber unbedingt die Nähe zu ihrem Lieblingselement, zum Wasser, zum Meer, zum Strand. Wer so drauf ist wie die Zielgruppe, den erreicht man mit einer klaren Sprache, einem herzlich-rauen Ton, gewürzt mit einer Prise Humor. Der Betrieb hat eine Liste mit allen Kontaktpunkten gemacht und die konsequent betextet. Das macht Laune, und die Kiter und Surfer fahren drauf ab.

Name: Bretterbude
Ansprache: Duzen
Zimmer: Butze
Wellness: Knetkammer
Bar: Spelunke
Restaurant: Strandschuppen
Surfbretter-Verleih: Plankenverleih
Caravan-Parkplätze: Freiluftbutze
Aufenthaltsraum/Lounge: Garage

DAS GANZE MAL MIT GEFÜHL

Essen, trinken, übernachten – das ist doch im Grunde immer dasselbe. Ja, isses auch. Aber es kommt drauf an, was dein Betrieb daraus macht. In einer Pizzeria kann man Pizza essen. Das ist nicht besonders emotional. Man kann dort aber auch Freunde treffen, lachen, flirten, erzählen, die gute alte Clique wiedersehen, ein Gefühl von Urlaub bekommen, mal so richtig reinhauen und pappsatt werden, sich gepflegt einen antrinken und mit einem leichten Schwips die Sorgen der Arbeit vergessen, seinen Kids mal so richtig was gönnen und so weiter.

Dein Gast weiß das zwar irgendwie alles, aber so richtig präsent ist es ihm vielleicht nicht. Wenn du ihm zeigst, dass dein Laden mehr ist als nur Essen und Trinken, wird er Positives mit dem Betrieb verbinden und wiederkommen, vielleicht sogar Leute mitbringen und die Pizzeria zu seinem verlängerten Wohnzimmer machen. Genau das macht Marthas Pizzarei **(SIEHE KAPITEL 1)**. Mit ganz wenigen Mitteln erzeugt der Betrieb die Gefühle, nach denen der Gast sich insgeheim sehnt. Ihr Gäste-Typ: der Genießer. Und der wird emotional angesprochen, über Bild und Text.

Auch das Hotel Privata **(SIEHE KAPITEL 1)** hat seinen Gäste-Typ identifiziert: Der Genießer, gefolgt vom Gäste-Typ des Gestressten. Alle Texte sind so formuliert, dass der gestresste Typ runterkommen kann und seinen Alltag vergessen darf. Die Sätze sind sehr kurz, die Ansprache fast bemutternd-tröstend. Du erinnerst dich: »Im Parterre lädt die Arvenstube ein. Da werden wir beisammensitzen. Die Ruhe genießen. Am heimeligen Ort das Auge weiden. Nach dem Schlummertrunk müde und zufrieden unters Dach steigen.«

Die haben das Bedürfnis ihrer Gäste klar erkannt: Bodenhaftung wiedergewinnen. Wenn du das Bedürfnis und den Anspruch deines Gastes kennst, weißt du auch, welche Kommunikation die richtige ist. Vielleicht brauchst du noch nicht mal das Schubladendenken mit den Gäste-Typen, sondern kannst deine Gäste-Zielgruppe selbst viel genauer (und auch charmanter) benennen.

EHRLICH RÜBERKOMMEN

Wenn dein Betrieb ein Defizit hat, rede nicht drumherum. Benenne es. Du betreibst eine kleine Pension auf dem Land und die Internetverbindung ist zum Heulen? Verschweige es nicht. Sag, wie es ist, und mach was draus. Vielleicht so: »Hier gibt es kein Internet, und das ist gut für Sie. Unsere Gäste sind einfach mal offline und entspannen sich hier so fantastisch wie seit Langem nicht. Das liegt wohl auch an der frischen Luft ...« (Und so weiter.)

Oder von deinem Ferienbauernhof zur nächsten Bahnstation ist es ziemlich weit? Schreib nicht, dass der Bahnhof mit dem Auto gut zu erreichen ist, denn deine Bahnfahrer-Gäste kommen ja ohne Auto. Sag, dass der Urlaub beginnt, sobald sie ihren Fuß auf den Bahnsteig gesetzt haben. Weil ihr sie nämlich schon erwartet und sie im zünftigen Kombi abholen kommt. Dann geht's durch Wälder und über die Felder, und schon sind deine Gäste mitten in der Natur.

Das Hotel Altstadt Vienna **(SIEHE KAPITEL 1)** spielt mit diesen kleinen »Unregelmäßigkeiten« und lässt den Gast spüren, dass z. B. die exzellenten Backwaren und der sensationelle Schinken beim Frühstück das Fehlen von Kaviar und Champagner wettmachen. Nicht nur das: Im Grunde ist der vordergründige Nachteil im Kern ein Vorteil für den Gast. Dieser Betrieb muss sich niemals vorwerfen lassen, er habe dem Gast etwas vorgegaukelt. Du kennst das: das berühmte Zimmer mit Aussicht, der Meeresblick, die ruhige Lage. Lass die Finger davon, wenn es nicht den tatsächlichen Gegebenheiten entspricht, und bleib eine ehrliche Haut. Der Gast wird schon genug zugeballert mit Infos und Werbung, und zwar auf allen Kanälen, analog und digital. Da ist er froh über jede ehrliche Aussage.

JETZT MACH!

1. Überlege, in welche Schublade du die meisten deiner Gäste stecken kannst. (Wenn du keine Schubladen brauchst, umso besser.) Beispiel: Du betreibst ein Hotel in der Nähe des Flughafens. Wahrscheinlich sind es die Geschäftsreisenden, die deine Hauptklientel bilden: die Gestressten. Wie müssen Texte oder die Kommunikation mit deinem Typ Gast generell beschaffen sein? Beispiel: Die Gestressten brauchen eine faktenorientierte Kommunikation.

2. Oder, anderes Beispiel: Du hast ein kleines Restaurant in der Nähe eines großen Verwaltungsgebäudes und bietest einen Mittagstisch an. Wer kommt zu dir? Vor allem die Schnäppchenjäger. Wie kommunizierst du mit denen? Indem du ihnen täglich das Mittagsmenü, übersichtlich aufbereitet, aufs Handy schickst. Denn der Schnäppchenjäger muss vergleichen können.

3. Überlege dir, an welchen Stellen du den Typ Genießer über Gefühle abholen kannst. Der Genießer will nämlich etwas erleben und empfinden und kommt nicht einfach nur zur Nahrungsaufnahme.

4. Konzentriere dich auf ein großes Thema – manche sagen auch Story dazu. Dieses Thema wird dein roter Faden für die Kommunikation. Siehe **KAPITEL 3**, wenn du wissen willst, wie du deinen roten Faden entwickeln kannst.

5. Gehe systematisch alle Kontaktpunkte durch, mit denen der Gast in deinem Betrieb in Berührung kommt. Die Mega-Checkliste aller nur möglichen Kontaktpunkte findest du im Anhang.

6. Lass dir für möglichst viele herkömmlichen Bezeichnungen etwas Neues einfallen, das mit der zugrundeliegenden Idee, dem roten Faden zu tun hat.

7. Wenn die Fantasie mit dir durchgehen sollte: Vorsicht! Du musst bei der Wahrheit bleiben, damit der Gast dich und deinen Laden ernst nimmt. Und wenn mal etwas schiefgelaufen ist, sprich es lieber ehrlich an. Der Gast schätzt so was.

Folgen für deine Texte

MIT WELCHER STRATEGIE DU HERANGEHEN KANNST

AM ANFANG HART NACHDENKEN, DANACH SCHREIBT ES SICH LEICHTER

DAS KAPITEL IN 7 SEKUNDEN

* Für geniale Texte braucht man keinen komplizierten Markenfindungsprozess. Drei einfache strategische Schritte reichen aus.
* Jeder Betrieb sollte ein bestimmtes Thema bespielen. Ein Kiezcafé könnte das Thema Nachbarschaft/Gemeinschaft bearbeiten. Ein Fischrestaurant: Frische, Meer. Ein Hostel: Abenteuer. Eine alteingesessene Pension: Tradition. Eine Sportsbar trägt ihr Thema schon im Namen.
* An jedem Kontaktpunkt, mit dem der Gast im Betrieb in Berührung kommt, können Texte angebracht werden, die auf das Thema einzahlen. Und zwar vom Bierdeckel bis hin zu den Badelatschen.
* Eine ausgewogene, authentische Mischung von Bild und Text erzeugt Aufmerksamkeit und Zufriedenheit beim Gast.

Die Kollegen aus dem ersten Kapitel haben nicht einfach drauflos geschrieben bzw. schreiben lassen, sondern sich genau überlegt, was sie erreichen wollen. Es ist echt hilfreich, sich anfangs hinzusetzen und zu definieren, was für eine Art Betrieb ihr eigentlich seid. Was wollt ihr erreichen? Was sollen die Leute von euch denken? Welches Gefühl wollt ihr erzeugen? Wir erklären dir in drei Schritten, wie du dich eurem Kern – dem Markenkern – näherst und wie du die restliche Kommunikation daraus ableiten kannst.

SCHRITT 1: WAS IST DEIN THEMA? WAS SOLL GESPIELT WERDEN?

Jeder Betrieb hat ein Thema, lass dir nichts anderes erzählen. Wenn du ein Bio-Hotel führst, ist dein Thema vielleicht die Rückkehr zur Ursprünglichkeit. Nun definierst du für deinen Betrieb passend zum Thema mindestens drei Kernbegriffe, die sich an jedem Kontaktpunkt bewahrheiten sollten. Das können z. B. sein:
* **Thema:** Rückkehr zur Ursprünglichkeit
* **Kernbegriffe:** Authentizität, ehrliches Personal, Bio-Küche
Diese Begriffe sind nur für deine Leute und dich gedacht! Sie werden für den Gast nirgendwo sichtbar aufgeschrieben, schwingen aber als Grundton durch den ganzen Betrieb mit.

Noch ein Beispiel: Du betreibst ein Schnellrestaurant am Rathausmarkt. Dein Thema könnte sein: Essen mit Freunden. Deine drei Kernbegriffe könnten sein: Gemeinschaft, Lockerheit, Vertrauen.

Und weil es so schön ist, gleich noch ein Beispiel: Das Thema für deinen Ferienbauernhof könnte sein: Natur erleben. Kernbegriffe: Familie, Land, Natürlichkeit.

SCHRITT 2: WAS BEDEUTET DAS FÜR DIE KOMMUNIKATION?

Wir machen gleich weiter an den drei Beispielen. (**IN KAPITEL 6** erfährst du noch mehr über den Ton, den du in deiner Kommunikation mit dem Gast anschlagen solltest.)

Bio-Hotel
Thema: »Rückkehr zur Ursprünglichkeit«
Kernbegriffe: Authentizität, ehrliches Personal, Bio-Küche
Das bedeutet für die Kommunikation: Direkte Ansprache mit Sie oder Du. Fremdwörter in deutsche Begriffe übertragen. Herzliche Wortwahl. Eventuell gediegen und traditionell.

Schnellrestaurant
Thema: »Essen mit Freunden«
Kernbegriffe: Gemeinschaft, Lockerheit, Vertrauen
Das bedeutet für die Kommunikation: Duzen, kurze Sätze, Trendwörter erlaubt, freundschaftlich, hip, cool.

Ferienbauernhof
Thema »Natur erleben«
Kernbegriffe: Familie, Land, Natürlichkeit
Das bedeutet für die Kommunikation: Ansprache aller Altersgruppen, bodenständige, herzliche Formulierungen, höflich, familiär, ungezwungen.

SCHRITT 3: WELCHE KONTAKTPUNKTE KNÖPFST DU DIR ZUALLERERST VOR?

Bio-Hotel: Website, Menükarte, Menükarte draußen in der Vitrine, Flyer
Schnellrestaurant: Menükarte draußen am Laden, Handzettel, One-Pager / App
Ferienbauernhof: Website, Imagebroschüre, Postkartenserie

Wir geben dir noch unzählige Beispiele in den nächsten Kapiteln. Schlag diesen Tat-Geber einfach bei den Kapiteln auf, die dich am meisten interessieren.

Und nun? Schreib die drei Schritte für dich auf oder male sie auf einen großen Flipchart-Bogen. Dieses Papier ist ab sofort eines deiner wichtigsten Strategiepapiere.

Wenn du dich an diese Strategie hältst, kann nicht mehr viel schiefgehen. Und das gilt nicht nur für die Texte, das gilt für einfach alles: Von der Einrichtung über das Logo bis hin zum Outfit der Mitarbeiter. Achte darauf, dass du konsequent deine Themen bespielst.

SCHÖNE WORTE? NA KLAR, ABER BLOSS NICHT IN DIE IRRE FÜHREN!

Jetzt hast du dein Thema, die drei Kernbegriffe und die wichtigsten Kontaktpunkte, und legst begeistert los. Bleib aber auf dem Teppich. Du kennst diese Begebenheit vielleicht: Da wirbt ein Hotel mit dem »5-Sterne-Gefühl« und bekommt Ärger, weil Gäste nun von einem 5-Sterne-klassifizierten Betrieb ausgehen könnten. Ja, stimmt, könnte sein. Obwohl die Formulierung richtig gut ist und eigentlich jeder weiß, wie sie gemeint ist. Aber was du aus dieser Sache lernen kannst: Sei immer authentisch. Schreib nur das, was deinen Betrieb tatsächlich ausmacht. Etwas anderes hast du auch gar nicht nötig. Ehrlichkeit wird von allen Gästen extrem geschätzt. Die Verunsicherung in Zeiten des Informationsüberflusses ist so groß, dass ein klares Wort, eine ehrliche Aussage noch viel stärker wirken als je zuvor. Wenn du auf deinem Bio-Bauernhof ein Zimmer mit Blick auf einen Misthaufen vermietest, nenne das Zimmer nicht Sternenhimmel, sondern Landluft. Wenn dein Café an einer stark befahrenen Straße liegt, schreibe nicht »idyllisch gelegen«, sondern nenne das Kind beim Namen: »Unser Café liegt an der B 509 – das ist wohl einer der Gründe, warum viele Pendler bei uns so gerne eine Pause machen und den besten selbst gemachten Apfelkuchen im ganzen Nettetal genießen.«

NICHT ÜBERTREIBEN

Wenn dich die Lust an der Textkreation gepackt hat: super! Aber bitte nicht zu viel des Guten. Nicht jeden Markenkontaktpunkt mit Text zupflastern, wie es z.T. bei der Vermarktung von manchen Produkten geschieht. Da sprechen plötzlich Smoothies und Kekse zum Kunden und werden schrecklich distanzlos. Der Kunde erhält keine Information über das Produkt, sondern wird direkt angesprochen, als seien die Schokolade, der Veggie-Snack, das Erfrischungsgetränk und er seit Jahren beste Kumpel. »Probier mich mal, ich mach dir den Tag schön.« oder »Ich muss das einfach mal loswerden. Es waren einmal zwei Bäume, die zu dicht nebeneinander gepflanzt wurden…« (Es folgt eine langatmige Geschichte über die Herkunft der Zutaten eines Getränks.)

Was kannst du für dich daraus ableiten? Vorsicht mit der direkten Ansprache durch Objekte, so niedlich das auch anfangs wirken mag. Überlege genau, ob du siezen oder duzen willst. Bring Text dort an, wo es Sinn ergibt – andernfalls kommst du schnell geschwätzig rüber.

JETZT MACH!

1. Schnapp dir einen großen Bogen Papier. Ein DIN A4-Blatt wird nicht ausreichen. Nimm zur Not die Pappe einer großen Verpackung. Benutze das als Querformat.
2. Finde das Thema für deinen Betrieb und schreib es in die Mitte des Papiers.
3. Suche drei Kernbegriffe aus, die zum Thema passen. Ordne sie um das Thema herum auf dem Papier an.
4. Überlege dir, wie du deine Gäste ansprechen möchtest: frech, herzlich, höflich, locker, cool, leicht, gediegen, traditionell …? Schreibe ein paar Stichpunkte auf das Papier, und zwar als großen Kreis um die Schlüsselbegriffe herum. Du kannst auch gleich zu **KAPITEL 6** springen, wenn du schon tiefer in das Thema Tonalität einsteigen möchtest.
5. Lege alle Punkte fest, an denen etwas mit Text geschehen soll. (Siehe auch die Mega-Checkliste am Ende des Buches.) Schreibe die Punkte links und rechts am Papierrand entlang herunter.
6. Suche dir die passenden Kapitel raus zu den Punkten, die du notiert hast und die du betexten möchtest. Beispiel: Aufsteller am Tisch und Menükarte, siehe **KAPITEL 9**.
7. Bleib eine ehrliche Haut und werde nicht geschwätzig.

WAS GUTE TEXTE AUSMACHT

Es ist kein Hexenwerk, gute Texte zu produzieren. An ein paar Leitlinien solltest du dich halten, aber das »Regelwerk« ist überschaubar. Wenn du die nächsten vier Kapitel gelesen hast, kann dir so schnell keiner mehr was vormachen. Dieses Wissen hilft dir auch, fremde Texte besser zu beurteilen. Manchmal liefert dir jemand ein paar Zeilen und du weißt, dass sie nicht gut sind, kannst es aber nicht begründen. Wahrscheinlich sagst du in so einer Situation »Klingt irgendwie langweilig.« Aber du bist weit entfernt davon, konkrete Verbesserungsvorschläge machen zu können. Ha! Wenn du diesen Abschnitt »Was gute Texte ausmacht« hinter dich gebracht hast, wird dir das nicht mehr passieren.

④ VERSTÄNDLICH SCHREIBEN

VON WEGEN NUR BAHNHOF VERSTEHEN!

DAS KAPITEL IN 7 SEKUNDEN

* Drei einfache Basisregeln reichen schon aus, um verständlich(er) zu schreiben.
* Benutzt der Absender eine förmliche Sprache mit vielen komplizierten Konstruktionen, möchte er meist besonders professionell rüberkommen. Die Wirkung verpufft aber beim Leser, denn dieser nimmt einen solchen Stil als distanziert und besserwisserisch wahr.
* Der beste Ausgangspunkt für verständliche Texte ist das mündliche Formulieren im Stil der ganz normalen Alltagssprache.
* Meist muss nur ein wenig geglättet werden – aber der herzliche, zwischenmenschlich authentische Unterton bleibt dadurch unberührt.
* Bei Texten fürs Web müssen einige wenige zusätzliche Grundregeln beachtet werden, z. B. Umfang und Struktur der Texte.

Es gibt viele verschiedene Modelle auf wissenschaftlicher Basis, nach denen sich die Verständlichkeit von Texten beurteilen lässt. Lassen wir die Theorie ruhig beiseite. Die wichtigsten Erkenntnisse schnurren hier auf ein handliches Maß zusammen, und nur das brauchst du dir anzusehen. Aber beachte es auch beim Schreiben!

Konzentriere dich auf diese drei Basisregeln:
1. Die gesprochene Sprache als Grundlage
2. Lieber Verben als Substantive
3. Kurze Sätze, einfache Konstruktionen

DIE GESPROCHENE SPRACHE ALS GRUNDLAGE

Stell dir vor, du hältst einen kleinen Plausch mit deinem Nachbarn. Dein Nachbar möchte wissen, ob es in deinem Restaurant auch vegane Gerichte gibt.

»Unter Berücksichtigung der Verzehrgewohnheiten unserer Gäste sind vegane Speisen auf unserer Menükarte nicht vorgesehen.«

Hä?! Würdest du so sprechen?! Wohl eher nicht, aber solche Texte finden sich überall. Zum Heulen. Dein Nachbar fragt weiter, welche U-Bahn in der Nähe ist.

»Unser zentral gelegener Betrieb ist mit öffentlichen Nahverkehrsmitteln gut erreichbar. Wir bitten um Verständnis, dass wir leider keine Parkmöglichkeiten zur Verfügung stellen können.«

Hui, spätestens jetzt denkt dein Nachbar, dass du irgendwas eingeschmissen hast.

Jetzt noch mal richtig. Wie würdest du auf die beiden Fragen antworten? Vielleicht so: »Nee, vegane Gerichte gibt's bei uns nicht. Die werden irgendwie nicht nachgefragt. Und ja, vor der Tür ist direkt der U-Bahnhof Meraner Straße. Du fällst quasi in unseren Laden rein, wenn du aus der U-Bahn kommst. Ist auch besser, mit Parkplätzen sieht es nämlich mau aus.«

Nimm diese Antwort an deinen Nachbarn als Grundlage für die Texte, die du schreibst. Damit erweist du allen Lesern einen Dienst.

In manchen Fällen kannst du den gesprochenen Text eins zu eins übernehmen. Das geht aber nicht immer, weil es sonst vielleicht zu salopp wäre. Also glättest du ein wenig. Vielleicht so:

»Auf unserer Karte werden Sie keine veganen Gerichte finden. Sprechen Sie uns an, wenn Sie eine bestimmte Zubereitung wünschen. Wir finden etwas für Sie.«

»Direkt vor unserer Tür liegt der U-Bahnhof Meraner Straße. Lassen Sie das Auto lieber stehen und genießen Sie unsere gute Weinkarte.«

Das ist auf jeden Fall tausend Mal besser als das förmliche Gequatsche, mit dem wir eben deinen armen Nachbarn gequält haben.

LIEBER VERBEN ALS SUBSTANTIVE

Du merkst es nicht, aber du denkst, sprichst und handelst in Verben. Deshalb ist es so wichtig, beim Texten Verben zu benutzen. Das schafft Vertrautheit, Nähe und wirkt natürlich. Du würdest niemals so vor dich hinsprechen: »Hm, ich muss noch die Abholung der Kleinen tätigen, ich muss noch an die Erledigung der Einkäufe denken und die Unterbringung meines Vaters in der Ferienwohnung organisieren.«
Quatsch! Du würdest murmeln: »Hm, Katinka abholen, schnell einkaufen gehen, Ferienwohnung für Papa buchen.«
Da sind sie, die Verben. Der Stil, der Verwaltung, Juristen und öffentlichen Einrichtungen so beliebt ist, heißt Nominalstil. In dieser Sprache strotzt es nur so von Substantiven, die auch Nomen genannt werden – daher der Begriff.

»Die Anerkennung des Zertifikats kann nur durch Ausfüllen des Fragebogens erfolgen. Die Abholung hat eine Woche später zu erfolgen, unter Berücksichtigung der vorherigen Einzahlung der im Bescheid genannten Summe in die Stadtkasse.«

Kleiner Tipp: Immer, wenn Wörter auf –ung, -heit oder -ion enden, ist der Nominalstil im Anmarsch. Wenn du bei dir diese Krankheit entdecken solltest, hast du zwei Möglichkeiten: Du studierst doch noch Jura oder du markierst dir die -ung-Wörter und die anderen üblichen Verdächtigen und ersetzt sie durch Verben.

Achtung, infiziert mit dem Nominalstil: »Wir bitten höflichst um Eintragung ins Gästebuch.«

Die cleane Variante: »Bitte tragen Sie sich in unser Gästebuch ein. Wir freuen uns sehr darüber.«

KURZE SÄTZE, EINFACHE KONSTRUKTIONEN

Es versteht sich eigentlich von selbst, dass kurze Sätze besser verstanden werden als lange, komplizierte Satzkonstruktionen. Die Faustregel: Wenn du einen Hauptsatz gebildet hast, lass es damit gut sein. Okay, einen Nebensatz gönnen wir dir noch, aber dann ist Ende im Gelände. Welcher Text ist verständlicher? A oder B?

A: Wer in Westfalen unterwegs ist, kommt an Münster nicht vorbei. Ob Sie beruflich oder privat reisen, ob Wochenendtrip oder Businessreise: Wir haben für jeden Anspruch das passende Angebot. Freuen Sie sich auf eines der außergewöhnlichsten und besten Hotels mitten im Zentrum von Münster. Es ist direkt an der grünen Promenade gelegen und hält Ihre Wege kurz und Ihre Sinne entspannt.

B: Wer in Westfalen beruflich oder privat reisend, auf einem Wochenendtrip oder auf einer Businessreise unterwegs ist, kommt an Münster nicht vorbei. Wir haben für jeden Anspruch das passende Angebot, sodass Sie sich auf eines der außergewöhnlichsten und besten Hotels mitten im Zentrum von Münster, direkt an der grünen Promenade gelegen, freuen können, das Ihre Wege kurz hält und Ihre Sinne entspannt.

www.mauritzhof.de

Wenn du der Meinung bist, dass sich Variante A irgendwie flüssiger liest, gib das Lob an die Kollegen vom Mauritzhof in Münster weiter. Das ist nämlich der Originaltext, den wir in Variante B künstlich verhunzt haben. (Hat aber Spaß gemacht.)

Sobald du anfängst, über Kommas nachzugrübeln, ist deine Satzkonstruktion wahrscheinlich schon zu kompliziert. Entspann dich, weniger ist mehr. Einfache Sätze reichen. Du bist nicht auf der Welt, um den Betriebspoeten für deinen Laden zu geben.

NOCH EIN WORT ZU WEB-TAUGLICHEN TEXTEN

Gar nicht so schwer: fürs Web schreiben. Ein paar Grundregeln gilt es zu beherzigen, und schon machen selbst SEO [Suchmaschinenoptimierung] und die Verwendung von Keywords [Schlüsselbegriffe, die die Auffindbarkeit der Website erleichtern] keine Bauchschmerzen mehr. Über die zu Unrecht gefürchtete Suchmaschinenoptimierung **SIEHE KAPITEL 23**.

Das Wichtigste zuerst: Fass dich noch kürzer. Was im Print geht, geht im Web meist nur mit der Hälfte der Wörter. Kürze, wenn du als Vorlage Texte hast, die sich zuvor in einer Imagebroschüre rekeln durften.

Außerdem: Weil das Auge auf dem Bildschirm nicht so eine hohe Auflösung geboten bekommt wie auf Papier, braucht es unbedingt eine gute Struktur mit vielen »Ankern«. Also Überschriften, Zwischenüberschriften, klar abgegrenzte Textkörper. Der Text muss schon beim Überfliegen leicht zu erfassen sein. Wir lesen nämlich am Bildschirm nicht Zeile für Zeile, sondern wir »scannen« den Text. Im nächsten Kapitel erfährst du mehr zu gut strukturierten Texten. Das gilt für Print und Web.

JETZT MACH!

1. Nimm dir bestehende Texte vor, schnapp dir einen Marker und spiele den Oberstudienrat: Wo knubbeln sich die Substantive? (Wörter auf -ung, -heit, -ion sind ein Indiz.) Welche Sätze sind zu lang? Wo haben sich Floskeln und Behördensprache eingeschlichen?

2. Wenn du vor lauter Markierungen den Text nicht mehr siehst, zerknülle das Papier und fang ganz neu an. Wenn es sich in Grenzen hält mit deinen Anstreichungen, kannst du den Ausgangstext überarbeiten.

3. Ersetze so viele Substantive durch Verben, wie es eben geht.

4. Zerhaue die langen Sätze und bilde aus ihnen zwei oder sogar drei Sätze.

5. Lies dir den Text laut vor und prüfe, ob jemand so mit dir sprechen würde. Wenn das ganz weit weg ist vom Duktus der gesprochenen Sprache, schreib es lieber von vornherein neu. Wenn es dem Alltagsgebrauch von Sprache ähnelt, kommst du wahrscheinlich mit kleinen Änderungen aus.

6. Sollte dein Text explizit fürs Web geschrieben werden, so fasse dich kurz und bau von vornherein viele Anker ein: Zwischenüberschriften, viele Absätze, Bildunterschriften zu jedem Bild.

7. Lass dir den Text am Schluss von jemandem vorlesen, der ihn noch nie zuvor gesehen hat. Wenn der Vorleser an einer Stelle stockt, liegt es daran, dass die Konstruktion oder der Begriff zu kompliziert ist. Ändere das am besten schnell.

ÜBERSICHTLICHE TEXTSTRUKTUR
DEM LESER ANKER FÜRS AUGE GEBEN

DAS KAPITEL IN 7 SEKUNDEN

* Es kommt nicht nur auf guten Inhalt und guten Ausdruck an, sondern immer auch auf die Form. Ein gut strukturierter Text macht es dem Leser leicht.
* Elemente, die Ordnung in längere Texte bringen, sind z. B. Überschriften, Sub-Headlines, Teaser, Zwischenüberschriften, Aufzählungen, Info-Kästen und Bildmaterial.
* Die richtige Zeichenanzahl pro Zeile und der angemessene Abstand der Zeilen zueinander tragen zur Leserfreundlichkeit von Texten bei.
* Nicht zu unterschätzen ist die Wirkung eines guten Layouts. Hier sind die Profis gefragt.

Google mal Abbildungen von den allerersten Zeitungen, die auf den Markt kamen. Du siehst Bleiwüsten – daher auch die Bezeichnung für zu viel Text, denn die Texte wurden früher mit Buchstaben aus Blei gesetzt. Schritt für Schritt formte sich das, was wir heute ein leserfreundliches Layout nennen würden: übersichtliche Textblöcke, Spalten mit kürzeren Zeilen, auflockernde Bildelemente, gut sichtbare Überschriften und so weiter. Der Leser braucht nämlich genau das, um bei der Stange gehalten zu werden. Heute braucht er das noch mehr als vor zehn Jahren, als die Ablenkung durch die digitalen Medien noch nicht so groß war. Und liest dein Gast zudem noch auf einem kleinen Bildschirm, braucht er sowieso noch mehr Struktur als ein Papier-Zeitungsleser.

ÜBERSCHRIFTEN, TEASER-TEXTE UND ZWISCHENÜBERSCHRIFTEN

Dass du Headlines brauchst, ist sonnenklar: Sie sind das, was der Titel auf dem Buchcover ist, nämlich starke Ankündigungen des Inhalts. Gleichzeitig geben sie dem Leser das Signal: Hier fängt was an. Du kannst auch mit einer zweiten Überschrift arbeiten, einer sogenannten Sub-Headline. Die ist meistens in kleinerer Schriftgröße gesetzt und als Ergänzung zur Hauptüberschrift gedacht. Diese Form der gedoppelten Überschrift ist optisch eine gute Einleitung zu dem Teaser [Anreißer, wortwörtlich: Ärgerer, aus dem Englischen von »to tease« = ärgern, necken] und/oder Fließtext, die danach kommen.

VON WEIN, WEIB UND GESANG
Die neue Veranstaltungsreihe im Jazz-Keller

Wenn du Zeitschriften durchblätterst, wirst du häufig auf Teaser-Texte treffen: Das sind kurze, meist fett gesetzte Texte, die vor dem eigentlichen Textkörper stehen und den Artikel anreißen. Gerade dann, wenn du deinen Texten einen Magazin-Charakter verleihen möchtest, sind diese Teaser-Texte eine gute Sache. Sie machen neugierig und ziehen in den Text hinein. Und sie stellen ein weiteres strukturierendes Element dar.

VON WEIN, WEIB UND GESANG
Die neue Veranstaltungsreihe im Jazz-Keller
Sie kennen Paula Powell vielleicht schon von der Vaganten-Bühne, wo sie in der letzten Saison das Publikum zum Ausrasten brachte. Die zarte Frau mit der tiefen Stimme kommt im Juli zu uns in den Jazz-Keller, und das gleich an drei Abenden.

Nach einem knackigen Anreißer folgt der eigentliche Text, der gar nicht mehr so lang sein muss, weil die wichtigsten Infos schon im Teaser stecken. Du kannst den Fließtext übersichtlich gestalten, indem du mit Zwischenüberschriften arbeitest. Das sind die berühmten Anker fürs Auge: Der Leser hangelt sich an diesen Zeilen entlang, er scannt den Text sozusagen und weiß immer, bei welchem Thema er sich gerade befindet. Wenn du deine Textzeilen einfach nur endlos hintereinander weg laufen lässt, verliert das Auge des Lesers schnell den Faden. Diese Kollegen strukturieren ihre Texte ordentlich:

ZEILENLÄNGE, ZEILENABSTAND

Soll ein Text schnell zu erfassen sein, dürfen die Zeilen nicht zu lang sein – ein Fehler, der gerade im Web oft gemacht wird. Dort sind kurze Zeilen aber besonders wichtig fürs Leserauge. Die Meinungen über die richtige Zeichenanzahl pro Zeile gehen auseinander. Wir meinen: Bleib auf jeden Fall unter 60 Zeichen, im Web sogar unter 50 Zeichen. (Leerzeichen werden dabei immer mitgezählt.) Diese Zeile hat z. B. 80 Zeichen, aber für Bücher gelten andere Regeln. Komm noch mal auf uns zu, wenn du deine Memoiren schreiben willst.

Wichtig ist auch der Abstand der Zeilen zueinander; die Layout-Profis sprechen vom Zeilendurchschuss. Hier ein paar Beispiele:

Sie kennen Paula Powell vielleicht schon von der Vaganten-Bühne, wo sie in der letzten Saison das Publikum zum Ausrasten brachte. Die zarte Frau mit der tiefen Stimme kommt im Juli zu uns in den Jazz-Keller, und das gleich an drei Abenden.

Sie kennen Paula Powell vielleicht schon von der Vaganten-Bühne, wo sie in der letzten Saison das Publikum zum Ausrasten brachte. Die zarte Frau mit der tiefen Stimme kommt im Juli zu uns in den Jazz-Keller, und das gleich an drei Abenden.

Sie kennen Paula Powell vielleicht schon von der Vaganten-Bühne, wo sie in der letzten Saison das Publikum zum Ausrasten brachte. Die zarte Frau mit der tiefen Stimme kommt im Juli zu uns in den Jazz-Keller, und das gleich an drei Abenden.

Welches dieser Beispiele liest sich deiner Meinung nach am besten? Nimm es als Richtschnur für das Layout deiner Texte.

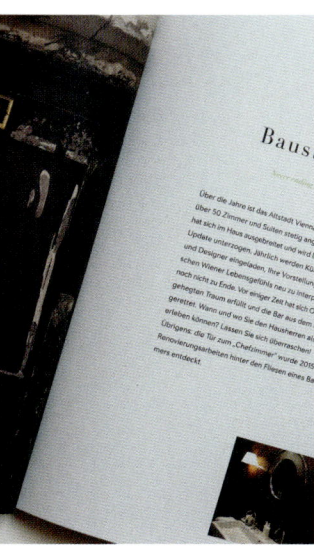

KOMBI AUS TEXT UND BILD

Eine Seite Text wird erst dann so richtig prickelnd, wenn auch Bilder dabei sind. Wir sind nun mal auf dem visuellen Kanal gut ansprechbar, und wir machen mit einer ausgewogenen Kombination aus Text und Bild unserem Gehirn die hellste Freude. Außerdem strukturiert das jede Seite noch viel besser, egal, ob im Flyer oder in einem Web-Artikel. Achte darauf, dass sich Text und Bild immer mal wieder abwechseln. Nicht vergessen: die Bildunterschrift. Sie gibt dem Bild / Foto ein Fundament und erleichtert beim Lesen das Einordnen in den Zusammenhang. Mach aber nicht den Fehler und schreib in die Bildunterschrift genau das, was auf dem Bild eh zu sehen ist. Deine Leserinnen und Leser sind ja nicht blöd. Die Bildunterschrift gibt dir Gelegenheit zu einer Aussage, die das Bild ergänzt. Zeigst du auf einem Foto ein Paar auf der Terrasse deines Hotels beim Candlelight-Dinner, schreibst du nicht: »Candlelight-Dinner auf unserer Hotelterrasse«, sondern zum Beispiel: »5 Gänge für Verliebte, Nachtigall-Gesang inklusive«.

AUFZÄHLUNGEN, LISTICALS, INFO-KÄSTEN

Gerade fürs Online-Lesen sind Aufzählungen ein gutes Mittel, um die Lesefreundlichkeit von Texten zu steigern. Auf Flyern, Broschüren und anderen Print-Produkten können solche Auflistungen leicht sperrig oder nüchtern rüberkommen, im Web sind sie aber gut aufgehoben. Sehr beliebt sind auch Listicals [Aufzählungen, die schon in der Überschrift das Versprechen abgeben, in wenigen Punkten die Welt verstehen zu können].

- 3 Gründe, warum Sie bei uns Urlaub machen sollten
- 5 verschiedene Arten, einen frisch gefangenen Aal zuzubereiten
- 7 leichte Wanderwege, auf denen Sie unsere Bergwelt erkunden können

Wer eine solche Überschrift liest, möchte es gleich wissen. Die Infos kommen in übersichtlichen Häppchen daher, und als Leser denkt man: Klar, wenn ich die drei oder fünf oder sieben Punkte gelesen habe, bin ich der King. Wichtig ist – auch wenn das spooky klingt –, dass du eine ungerade Anzahl bei deiner Aufzählung nimmst. Aufzählungen lohnen sich übrigens erst ab drei Punkten und sollten nicht länger als neun Punkte sein. Das sind Erfahrungswerte, glaub es uns einfach.

Info-Kästen sind ebenfalls ein Segen. Sie zeigen wichtige Inhalte in komprimierter Form und sind ein strukturierendes Element auf jeder Seite. Sie sollten gut gelayoutet sein – aber das gilt im Grunde für alles, was du publizierst. Maximal ein Info-Kasten pro Seite, damit es nicht aussieht wie ein Fachbuch für Studierende der Pharmazie.

JETZT MACH!

1. Schnapp dir einen Text, den du zwar gut findest, der aber noch nicht vernünftig strukturiert ist.
2. Die Überschrift schreibst du zuletzt. Ja, richtig gelesen: zuletzt. Sie soll ja die Essenz sein von allem, was danach kommt. Und bevor du nicht weißt, was am Ende rauskommt bei deinem Text, brauchst du dir auch keine Headline aus den Fingern zu saugen.
3. Fang damit an, den Text in mundgerechte Portionen aufzuteilen. Immer wenn ein neuer Gedanke anfängt, zerschnipselst du den Text in zwei Teile.
4. Nun finde für jeden Textschnipsel eine passende Zwischenüberschrift. Schreib sie erst mal grob auf; feintunen kannst du später immer noch.
5. Als Nächstes schaust du, ob du daten- und faktenlastige Infos in einem Infokasten gesondert unterbringen kannst. Damit hältst du einen lockeren Lesefluss im übrigen Text aufrecht.
6. Wie sieht es mit einem Listical aus? Fällt dir etwas ein, das du mit drei bis neun Punkten hübsch konfektionieren könntest? So etwa: 3 Gerichte, die unsere Restaurantleiterin empfiehlt. 9 Urlauber, die jedes Jahr wiederkommen. 5 Aufgüsse in unserer Thermensauna, die Sie garantiert entspannen lassen.
7. Nein, die Haupt-Überschrift darfst du immer noch nicht schreiben.
8. Bildmaterial: Was gibt es? Welche Bildunterschrift liefert zusätzliche Infos, die aus dem Bild selbst nicht hervorgehen. Aufschreiben!
9. Nun der Teasertext: Gibt es ein Detail, das für deine Leserinnen und Leser so richtig knallig ist? Etwas, was sie reinzieht in den Text? Euer Lieferservice hat komplett auf Elektro-Mobilität umgestellt? Ihr habt eine Star-Architektin für den Umbau des Gästehauses gewinnen können? Ihr habt eine Servicekraft, die zwar kein Deutsch, dafür aber sechs andere Sprachen spricht?
10. Ja, jetzt darfst du endlich die Headline schreiben. Aber mach es gut. Sieh in **KAPITEL 25** nach.

Textstruktur

DER GUTE TON
WIE WILLST DU KLINGEN?

DAS KAPITEL IN 7 SEKUNDEN

* **Wenn ein Betrieb über alle Kanäle hinweg in einem einheitlichen »Sound« kommuniziert, klingt er für den Gast vertrauenswürdig und hinterlässt den Eindruck von Stabilität und Verlässlichkeit.**
* **Diesen »Sound« bezeichnet man in der Textkreation als »Tonalität«. Die grobe Unterscheidung von Tonalitäten in klassisch, bodenständig und trendig hilft dabei, den stimmigen Klang für den eigenen Betrieb zu finden.**
* **Wenn ein Text alle Sinne des Lesers anspricht, wird er nicht nur interessanter, sondern setzt sich auch besser im Kopf der Lesenden fest.**
* **Wir sind es gewohnt, den Sehsinn in Texten zu bedienen, aber was hören wir? Was schmecken wir, was fühlen wir, was riechen wir? Texte, die auf alle Wahrnehmungssysteme Rücksicht nehmen, sind emotionaler und merkfähiger.**

Wer Texte beurteilt oder analysiert, spricht oft von »Tonalität«. Wie klingt die Sprache, was für ein Sound liegt dem Text zugrunde? So richtig konkret lässt sich dieser »Klang« oft nicht fassen. »Klingt irgendwie so überkorrekt.« Oder: »Klingt nett, so frisch.« Oder: »Klingt ein bisschen aufdringlich.« Das sind alles Aussagen, die wir beim Lesen subjektiv für uns treffen. Und die Geschmäcker sind verschieden. Trotzdem solltest du dich auf einen Sound festlegen, wenn du schreibst. Sonst steht womöglich auf der Startseite deines Webauftritts: »Wir heißen Sie in unserem Hotel herzlich willkommen«, und auf der Frühstückskarte heißt es plötzlich: »Na, gut geschlafen? Such dir was Leckeres von unserem Büffet aus!«. Es sollte schon überall ähnlich klingen. Bevor du dich für einen Sound entscheidest, überleg dir, was deine Haupt-Zielgruppe (Achtung, Gäste-Typen, vgl. **KAPITEL 2**!) wohl am angenehmsten fände. Das kannst nur DU beurteilen.

DREI BASIS-TONALITÄTEN

Es gibt unendlich viele Abhandlungen über Tonalitäten, wir gehen aber mal ganz praktisch heran und muten dir nur drei zu. Such dir eine davon aus und sei kreativ und variantenreich, wenn du damit umgehst. Wir versehen die drei Klänge mit groben (!) Etiketten, damit dir die Entscheidung leichter fällt.
* **Die Klassische:** passt zur Zielgruppe 40+, Gästetypen: Genießer, Gestresste, Alltagspraktiker; gehobene Hotellerie und Gastronomie, MICE-Themen
* **Die Bodenständige:** passt zu allen Zielgruppen und Gästetypen; familiäre Atmosphäre der Betriebe, inhabergeführte kleinere Betriebe

- **Die Trendige:** passt zur Zielgruppe 15 bis 45. Gästetyp: Genießer, Schnäppchen-jäger, Alltagspraktiker; neue Gastronomiekonzepte, Metropolen, Design-Hotels

Achtung, das ist eine sehr grobe Schablone und dient nur zur allerersten Einordnung. Vielleicht bedienst du deine Leserzielgruppe auch mit einer Kombination aus zwei Basis-Tonalitäten.

DIE KLASSISCHE

Hier bleibst du beim Sie und verwendest Hochsprache – nicht diesen saloppen Kram benutzen, dem du in diesem Buch die ganze Zeit begegnest. Mit Begriffen aus dem Englischen gehst du lieber vorsichtig um, denn du kannst insbesondere trendige Wör-ter nicht bei deiner Leserschaft voraussetzen. Du formulierst ganze Sätze und experi-mentierst nicht mit doppelten Bedeutungen, die man beim Lesen erst enträtseln muss. Dennoch kannst du ausgesprochen herzlich rüberkommen, vergiss das nicht.

Das Resort Mark Brandenburg ist sowohl ein Wellness- als auch ein Tagungshotel und bedient damit unterschiedliche Zielgruppen.
Die klassische Tonalität findet hier Anwendung und schlägt sich erfrischend direkt und freundlich in den Texten nieder:
Ihr Blick aus dem Zimmer auf den Ruppiner See relativiert die alltäglichen Dinge des Lebens und lässt Sie sich fragen: »Was braucht es mehr als den AUGENBLICK? Als jetzt?«
Es braucht großzügige Zimmer mit Balkonen, Kingsizebetten zum richtig Ausstrecken und Kuscheln, moderne Bäder mit Flusskieselböden in den Duschen, den gewohnten Komfort eines 4-Sterne-Hauses mit Hang zum Detail und SIE.
Wenn Sie dann so weit wären?
Wir sind bereit und lassen den Blick schon mal schweifen …
www.resort-mark-brandenburg.de/hotel

DIE BODENSTÄNDIGE

Hier musst du vorab entscheiden, was deiner Zielgruppe wohl besser gefallen wird: das Siezen oder das Duzen. Denn wenn es eine Pension für Flusswanderer ist, sitzen quasi alle im selben Boot und duzen sich. Ist es jedoch die kleine Pizzeria in der Nähe des Ministeriums, dann ist vielleicht das Siezen eher angebracht. Der Stil ist sehr nah dran am Duktus der gesprochenen Sprache. Fremdwörter? Vergiss es. Nominalstil? Bloß nicht. (vgl. **KAPITEL 4**) Wenn deine Zielgruppe mit englischen Begriffen umge-hen kann, nutze das ruhig. Aber sei vorsichtig, manche können damit zwar umgehen, reagieren aber trotzdem genervt. Du musst nicht unbedingt den klassischen Satzbau mit Subjekt-Prädikat-Objekt einhalten. Du kannst auch mit Satzteilen arbeiten, die du mit Doppelpunkten voneinander abgrenzt. Hier kannst du kreativ werden, ohne deine Gäste zu verschrecken.

Das Landgut Girtenmühle ist ein rühriger Betrieb, der nicht stillsteht. Sie machen alles richtig in ihrer Kommunikation mit dem Gast, den sie z. B. darüber informieren, dass das Hotel zur Zeit umgebaut wird. Der Ton ist ein bodenständiger »Von-Mensch-zu-Mensch«-Klang. Das kommt ehrlich und freundlich rüber:
Wir bauen neue sanitäre Anlagen und werden in den nächsten Monaten noch größere Veränderungen angehen. Tagsüber werden unsere Jungs bei ihren Arbeiten also wahrscheinlich zu hören sein. Bitte sagen Sie uns, wenn dies ein Problem für Sie darstellt. Momentan haben wir nur ein Hotelzimmer verfügbar für 1 bis 2 Gäste. Wir können ein Beistellbett dazugeben, wenn gewünscht.
Auf Anfrage bereiten wir Frühstück zu. Wir tun dies zu jeder gewünschten Tageszeit. Lassen Sie uns einfach wissen, wann sie es einnehmen möchten!
www.landgutgirtenmuehle.de/de/hotel-2

Übrigens: Mittlerweile sind die gut organisierten Gastgeber fertig mit dem Umbau und freuen sich über alle Gäste.

DIE TRENDIGE

Du kannst gleich mit dem Duzen anfangen und dich so richtig austoben, was deine Wortwahl angeht. Sehr viele neue Hotels und Restaurants benutzen mittlerweile die trendige Tonalität. Es kann sein, dass dieser »Trend« in zehn Jahren auch wieder vorbei ist und die Menschen zum förmlicheren Sie zurückkehren. Wer weiß. Aber zehn Jahre sind eine lange Zeit, und bis dahin solltest du deine Texte eh mindestens einmal überarbeitet haben. Wenn deine Zielgruppe trendy ist, stürze dich ins Abenteuer des kreativen Formulierens.

Dieser Betrieb trifft einen markanten Ton für seine Zielgruppe: locker-flockig, frisch von der Straße weg. Gespickt mit ein paar englischen Begriffen, wie sie die junge Zielgruppe heute in ihrer Alltagssprache benutzt. Und es kommt noch ein pfiffiges Layout und Design hinzu.
Brew Pub, Micro Brauerei, Restaurant und Terrasse – hört sich nach sehr viel an, isses auch! Tja, und was sollen wir sagen: Gut so, denn genau DAS war ja auch die Idee. Tja, und was sollen wir noch sagen: das ist noch lange nicht alles. Denn on top kommen noch handgemachte Pizzen aus zwei original neapolitanischen Pizzaöfen, leckerste Salate & Bowls, Urban Gardening, Street Art, und, und, und. Aber weißt Du was: am besten machst Du dir mal schnell ein schönes Bier auf und liest selbst, was bei uns so abgeht. Oder noch besser: Du bist lesefaul und kommst einfach mal vorbei! Wir freuen uns auf Dich!«
www.ueberquell.com

Das kleine Weingut mit Besenwirtschaft »Ruxweine« versendet in unregelmäßigen Abständen einen Newsletter, der durch seine schöne Gestaltung auffällt – und durch die Bezeichnungen, die die jungen Winzer verwenden:

Statt Besenwirtschaft: Sommerküche besenlike

Statt Schwäbische Spezialitäten: Gutes für Leib und Seele, schwäbisches Soulfood und unsere Ruxweine!

Statt Öffnungszeiten: Weinsprechzeiten

Statt Sommerwein: Sommerwein? Aber ja, Sommerwein! Super Rosé für Balkonien!

Merkst du's? Winzige Änderungen erzeugen eine herzerfrischende moderne, trendbewusste Tonalität, und schon hebt sich das von der Masse ab.

ALLE SINNE ANSPRECHEN

Je mehr Sinne du beim Leser in deinen Texten ansprichst, desto interessanter wird es für den Leser, und umso mehr hebst du dich von anderen Betrieben ab. Was bedeutet das, alle Sinne ansprechen?

visuell – Sehen 👁

auditiv – Hören 👂

olfaktorisch – Riechen 👃

gustatorisch – Schmecken 👄

haptisch – Tasten ✋

Wir sind es gewohnt, den Sehsinn in unseren Beschreibungen zu bedienen:
Der blaue Himmel über der grünen Wiese zeigte kein Wölkchen. (visuell)
Das ist erst einmal so in Ordnung, aber auch ein kleines bisschen langweilig.

- Den blauen, wolkenlosen Himmel durchzogen schreiende Stare, die Bienen summten über die grüne Wiese. (visuell, auditiv)
- Die Wiese duftete nach Heu und Honig, die Bienen summten, der blaue Himmel spannte sich darüber. Die jungen Stare kreischten laut und spielten Fangen. (visuell, auditiv, olfaktorisch)
- Die Wiese duftete nach Heu und Honig, die Luft schmeckte nach Spätsommer, die Bienen summten träge usw. usw. (hier kommt das gustatorische Element hinzu)
- Und zu guter Letzt: Das Gras knisterte leicht unter den Füßen, durch die nach-Heu duftende Wiese summten träge die letzten Bienen, der Himmel bog sich in

43

metallischem Blau über die spätsommerliche Landschaft (usw. usw. – alle Wahrnehmungssysteme, alle Sinne bedient).

Keine Bange: Du musst nicht zum Poeten werden. Schauen wir uns an, wie Kollegen es fertigbringen, die Sinne des Lesers anzusprechen, ohne Goethe und Schiller nachzueifern.

Die alternative, nur vorübergehend bestehende Markthalle »Markterei« im 1. Wiener Bezirk wirbt mit Postkarten für ihr Konzept. Auf der Vorderseite steht:
»Sehen, Hören, Riechen, Fühlen, Probieren. Jeden Freitag und Samstag, Alte Post, Postgasse 8«. Auch die Rückseite regt alle Sinne an: »Herumschlendern, gustieren, probieren, genießen, einkaufen, brunchen, Freunde treffen oder einfach nur sitzen, beobachten und Musik hören.« Es geht noch weiter, indem die einzelnen regionalen Angebote und Erzeuger beschrieben werden. Auf einer zweiten Postkarte wird dafür geworben, sich für den Newsletter anzumelden. Die Headline: »Der erste Newsletter, der gut schmeckt.« Wunderbar! Schließlich geht es ums Essen und Trinken, und diese Begrifflichkeiten werden einfach auf das digitale Medium des Newsletters übertragen.
www.markterei.at

DAS HOTEL PRIVATA IM SCHWEIZER SILS MARIA HAT ES SICH AUF DIE FAHNE GESCHRIEBEN, DEN GAST AUF ALLEN SINNESKANÄLEN ANZUSPRECHEN.
Engadin im Sommer
Einatmen und die Kraft der Natur spüren. Alle Sinne erwachen. Der herbe Duft von Alpenkräutern kitzelt in der Nase. Ein zufriedenes Lächeln aufs Gesicht gezaubert. Und wenn sich das Abendrot im Silsersee spiegelt, blitzt im Hotel Privata Romantik auf. In der Arvenstube, traute Zweisamkeit, in den Zimmern, willkommene Geborgenheit. Der Vollmond grüsst die Romantiker.
Engadin im Winter
Symphonie in winterweiss. Am Morgen aufwachen und staunen. Wattenweicher Neuschnee ist gefallen. Tausendfach glitzern die Eiskristalle. Langsam entfaltet sich der Tag in seiner ganzen Pracht. Die pure Lebensfreude erwacht. Am Abend, reich an zauberhaften Erlebnissen, glücklich entspannt, in vollkommener Stille, funkelnde Sterne betrachten.«
ww.hotelprivata.ch

Probier es mal aus, in deinen Texten möglichst viele Sinne anzusprechen. So vielleicht:

- Bei uns können Sie nachts den Wald hören. (abgeschiedenes Hotel am Waldesrand)
- Fühlen Sie die Liebe, mit der unser Koch Ihr Dessert zubereitet hat? (Spezialität eines warmen Apfelküchleins mit selbst gemachtem Vanilleeis)
- Kaum sind Sie angekommen, schmecken Sie schon das Meer. Denn hinter unserem kleinen Garten beginnen die Dünen. (Pension auf Borkum)
- Wenn die Jazzband »Pink Purple« samstags in unserem Pub auftritt, sehen Sie die Musik plötzlich in satten Farben. – Na gut, mit Unterstützung von unseren Jazzy Cocktails vielleicht. (Jazzkneipe)

JETZT MACH!

1. Fertige am besten im Team ein Porträt eures typischen Gastes an. In der Agentursprache heißt das »Persona«. Wie sieht er aus, wie alt ist er, wo kommt er her, was arbeitet er, was mag er, was mag er nicht, warum kommt er her, hat er Familie, welche Hobbys usw.
2. Ihr könnt euch aus Zeitschriften Gesichter und Gegenstände ausschneiden und sie zu einer Collage zusammenkleben. Das macht Spaß und hilft dabei, den typischen Gast zu erschaffen. Schreibt Antworten auf die Fragen rund um die »Persona« herum. Vielleicht müsst ihr auch zwei oder mehr Personas machen, weil ihr mehrere Zielgruppen bedient.
3. In welche Gäste-Typ-Schublade passen Eure Personas? Genießer, Gestresste, Schnäppchenjäger oder Alltagspraktiker? Schau noch mal in **KAPITEL 2** nach, was das für die Kommunikation bedeutet.
4. Diese Collage/Poster hebt ihr euch gut auf, hängt es ins Büro oder so, denn ein Blick darauf lohnt sich immer, wenn du die nächste Marketing-Maßnahme planst.
5. Guck dir die Beispiele aus **KAPITEL 2** und **3** an und überlege, welche davon welchen Klang haben. So bekommst du ein Gefühl dafür, was passt und was nicht.
6. Nun entscheidet ihr am besten gemeinsam, welche Tonalität bei dem Muster-Gast am besten aufgehoben scheint: klassisch, bodenständig oder trendy?
7. Schreib drei sehr kurze Texte in drei verschiedenen Sounds, wenn du dir nicht sicher bist. Entscheide danach, was auf deinen Betrieb besser passt.
8. Nimm dir den stimmigsten der drei Texte und schau systematisch nach, ob du alle Sinne bedient hast. Wenn du einen der Sinne ausgelassen hast – kein Problem. Man soll es ja auch nicht übertreiben.
9. Überprüfe bereits bestehende Texte auf den passenden Klang hin, und frage dich, ob die Wahrnehmungssysteme des Lesers tatsächlich vielfältig bedient werden.

INFOTAINMENT – INFORMIEREN UND UNTERHALTEN
FUN UND FAKTEN KOMBINIEREN

DAS KAPITEL IN 7 SEKUNDEN

* Zahlen und Daten müssen dem Gast nicht isoliert vom atmosphärischen, emotionalen Teil der Beschreibung eines Betriebes präsentiert werden. Die Kombination von Information und Unterhaltung nennt man Infotainment.
* Gefühlsorientierte und traditionsbewusste Gäste schätzen die Einbettung von wichtigen Fakten in eine Darstellung, die ihre Sinne anspricht.
* Fakten wirken weniger langweilig, wenn sie auf visuell ansprechende oder ungewöhnliche Weise präsentiert werden.
* Besonders Videos eignen sich gut dafür, Fakten und Unterhaltsames miteinander zu verbinden.

Na klar, deine Gäste sollen wissen, wie viele Zimmer ihr habt oder wann das Restaurant geöffnet hat. Aber müssen diese Fakten runtergeleiert werden? Du kannst Zahlen und Daten immer noch separat in einem Infokasten präsentieren, sei es im Printprodukt oder auf der Website oder auf Facebook. Das Beste ist jedoch, wenn du die wichtigen Infos in einen unterhaltsamen Kontext einbindest. Wir zeigen ein paar Kollegen, die es gut machen.

BUTTER BEI DIE FISCHE

Das Restaurant Bianc hat eine einfach gemachte Website, unspektakulär aufgebaut, jedoch mit schönen Fotos bestückt – und mit Texten, die den Infotainment-Mix draufhaben.

Die inspirierte zeitgenössische Küche des italienischen Küchenchefs MATTEO FERRANTINO verleiht dem Herzen der Hamburger HafenCity einen Hauch von Mittelmeer.
Mitten in der modernen Nachbarschaft, am Rande der Elbe in den Hamburger Hafen-City-Häusern, würdigt BIANC die herausragende Küche des Küchenchefs und die Wurzeln, die ihn am meisten inspiriert haben. Seine Vision sind einzigartige, farbenfrohe Gerichte, die an das azurblaue Wasser und die warmen Sommerabende am Mittelmeer erinnern.
www.bianc.de

Mit wenigen Sätzen entwirft der Texter ein emotionales Bild vom Koch und seinem Restaurant, ähnlich einem Maler, der mit großzügigem Pinselstrich die Atmosphäre einer Landschaft einfängt. Gleichzeitig werden dem Leser die notwendigen Fakten präsentiert:

- zeitgenössische mediterrane Küche
- Küchenchef Matteo Ferrantino kommt aus Italien
- Restaurant liegt im Herzen der Hamburger HafenCity

UNTERHALTSAME KACHELN

Web-Designer sprechen von »Kachel« oder »Container«, wenn sie Inhalte in quadratische oder rechteckige Gestaltungselemente verpacken. Das sieht gut aus und serviert dem User die Inhalte in angenehmen kleinen Häppchen. Das Hotel Daniel aus Österreich macht sich dieses Gestaltungselement zunutze und sorgt ganz nebenbei für den richtigen Mix aus Info und Entertainment. Die Leute vom Daniel machen auf dieser Ebene noch viel mehr. Selbst Mahnschreiben werden so zu unterhaltsamen Briefen.

www.hoteldaniel.com

DER MIT DEM NAMEN SPIELT

Wenn dein Betrieb bereits einen klangvollen Namen besitzt, musst du oft gar nicht mehr machen, als ihn deutlich nach vorn zu stellen. Aber auch mit einem Namen wie »Meier« lässt sich jede Menge Interessantes anstellen. Das Wichtigste: Variieren! Vorbildlich macht dies das Schlosshotel Weyberhöfe. Das alte Anwesen spielt mit den ersten beiden Silben seines Namens »Weyber«. Auf der Startseite der Website präsentieren sich die verschiedenen Bereiche des Hotels und der Gastronomie in unterschiedlichen Spielarten:

Weyberevents, Weyberhochzeit, Weybertagungen, Weybergourmet und Weyberspa. Der Merkeffekt ist sehr hoch. Der Name brennt sich geradezu im Hirn des Gastes ein. Und humorvoll-locker ist es obendrein, obwohl der Betrieb selbst durch sein Schloss-Ambiente eher gediegen daherkommt. Gerade dieser Kontrast ist reizvoll. So anspruchsvoll der Gast auch sein mag – es soll auch immer das Menschliche hervorblitzen, wenn es um seinen Aufenthalt geht.

www.schlosshotel-weyberhoefe.com

DIE MACHT DER BEWEGTEN BILDER

Jeder Mensch fühlt sich durch bewegte Bilder gut unterhalten. Wir können kaum anders: Wir müssen hinschauen, wenn sich etwas auf einem Bildschirm tut, Bilderflut hin oder her. Mach dir die Fixierung deiner Mitmenschen auf Bewegtbilder zunutze. Kombiniere den hohen Unterhaltungswert von Videos mit der Möglichkeit, deine Gäste gut zu informieren.

Die Website des Restaurants Nithan Thai in Berlin/Tel Aviv überrascht den Besucher mit einem Video, das als Endlosschleife im Hintergrund läuft. Das Prinzip:
Neben der Corporate Colour [Farbe, in der sich ein Unternehmen visuell präsentiert], einem intensiven Gelb, gibt es nur wenige andere Farben. Die Szenen bestehen aus Großaufnahmen von Details aus der Restaurantarbeit. Wir sind es gewohnt, die Aufnahmen in der Totale zu sehen: ein Blick in die Küche, danach vielleicht eine Detailaufnahme eines Tellers. Hier jedoch blicken wir sofort in ein riesiges Augenpaar, es folgt eine Steige mit gigantischen Zitronen, die die Treppe hinaufgetragen werden, es gibt keine ganzen Teller zu sehen, sondern nur große Ausschnitte von Speisen, die von flinken Händen zubereitet werden. Das gesamte, sehr kurze Video zieht uns sofort in seinen Bann. Ein solches Video muss zwar sehr gut durchdacht sein, es fordert aber keinen großen Aufwand, um es umzusetzen. Die Besucher der Website erhalten einen kurzweiligen Einblick hinter die Kulissen des Restaurants und werden ganz nebenbei von der Professionalität des Ladens überzeugt.

www.nithanthai.de

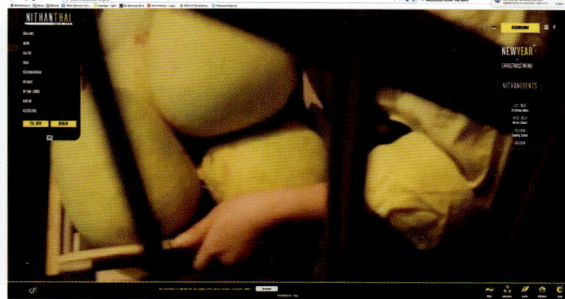

Sonja und Kira
mit „Grill gut"
Senf mit Tomaten + Kräutern

WITZIGE FILMSCHNIPSEL MIT INFO-GEHALT

Die umtriebigen Leute von Senf Pauli zeigen die Vorzüge ihrer Produkte anhand von herzigen Texten, aber auch anhand von Mini-Filmchen, für die sie einen eigenen You-Tube-Kanal eingerichtet haben. Sie haben einfach einige Kunden gefragt, ob sie sie in einer typischen Situation filmen dürfen, bei der eines ihrer Senf-Produkte eine Rolle spielt. Herausgekommen sind unterhaltsame Schnipsel, die ganz nebenbei auch das Produkt featuren.

JETZT MACH!

1. Weil du nicht alle deine genialen Texte auf einmal schreiben kannst, such dir die wichtigste Seite deines Hausprospektes oder deines Flyers oder deiner Website aus und arbeite erst mal daran.
2. Notier dir die wichtigsten Fakten, Daten und Zahlen, die der Gast gerne wissen möchte, wenn er dein Print-Produkt aufschlägt oder deine Website besucht.
3. Nun denkst du darüber nach, in welche zusätzlichen, emotionaleren Darstellungen deines Hauses du die Fakten einbetten könntest. Beispiel: Du betreibst eine Waldschänke. Wichtigste Fakten: Lage, Öffnungszeiten, Sitzplätze auf der Terrasse, Angebot von Fassbieren. Du bettest das in diese Themen ein:
   - Lage – das Naturschutzgebiet, der Urwald drumherum
   - Öffnungszeiten – haben noch jeden Frühaufsteher und Spätfrühstücker beglückt
   - Terrasse – Sonnenbaden mit 50 anderen Hinterwäldlern
   - Fassbiere – größte Auswahl im Umkreis von 2 km
4. Nun machst du dich ans Texten. Entwirf für jeden Fakt und jedes Fun-Detail einen Satz oder eine kleine Wortkombination. Verbinde das zu einem Text mit einer Länge von maximal fünf Zeilen à 50 Zeichen. Na, wie klingt das?
5. Gut, du darfst noch ein wenig daran feilen, aber die Richtung stimmt.
6. Ohne dass du es gemerkt hast, ist bereits ein klitzekleines Storyboard (so eine Art Mini-Drehbuch) entstanden. Wenn du ein Video drehen möchtest, hangelst du dich an diesen kleinen Begebenheiten entlang und – Überraschung! – es entstehen kleine Szenen.
7. Der Filmemacher in dir ist zum Leben erweckt? Okay, es kann losgehen:
   - Szene 1: Lage. Du zeigst einen Ausschnitt aus dem sehr ursprünglichen Waldgebiet und folgst einem Pfad, der dich zur Waldschänke führt.
   - Szene 2: Öffnungszeiten. Nebel lichtet sich, die Schänke taucht auf, und da sitzen doch tatsächlich zwei Wanderer, die sich ein zünftiges Frühstück reinpfeifen.
   - Szene 3: Terrasse. Rappelvoll, laut, lärmig, gute Mucke, die Leute feiern in den Sonnenuntergang hinein.
   - Szene 4: Fassbier. Eine hübsche Maid zapft und trinkt beherzt selbst aus dem Krug, als sie den Gast nicht mehr ausfindig machen kann, der bestellt hat.
8. Ach, du betreibst gar keine Waldschänke? Schade. Zurück auf 2.

DER ANALOGE GAST

Unendlich viele Möglichkeiten gibt es, dem Gast deine Marke, deine
Angebote, deine Philosophie zu präsentieren. Vom Kofferanhänger über
den Zahnputzbecher bis hin zum Platzdeckchen – mach dir bewusst, wo
du deinem Gast begegnen kannst und willst. Und was du sagen möchtest.
Die Mövenpick Hotels zum Beispiel bringen ihre Überzeugung für das
Thema Nachhaltigkeit auf einem Give-Away unter. In den Häusern liegen
Kugelschreiber aus, und sie tragen die Aufschrift: »Make your notes fast –
this pen is biodegradable.« Quelle: www.moevenpick-hotels.com/europe
Wenn du die Kontaktpunkte gut durchdenkst, kannst du mit wenig Aufwand
deinen Gast für dein Angebot interessieren und ihn sogar amüsieren.
Schließlich: Wer lächelt nicht gerne?

⑧ PROSPEKTE, IMAGEBROSCHÜREN UND KARTEN ZUM VERLIEBEN

WELCHES PRINTPRODUKT FÜR WELCHE INHALTE?

DAS KAPITEL IN 7 SEKUNDEN

* Eine Speise- und Getränkekarte ist Pflicht, alles andere ist die Kür.
* Gedruckte Texte und Bilder sind eine repräsentative Bühne für jeden Betrieb. Es ist sehr wichtig, dass diese ausgezeichnet gestaltet sind und haptisch Vergnügen bereiten.
* Imagebroschüren sind vergleichbar mit einer erweiterten Website.
* Hauszeitungen bringen tagesaktuelle Inhalte.
* Magazine erscheinen seltener und können detailreicher von der Welt in und um den Betrieb berichten.
* Ungewöhnliche Formate und Ideen erzeugen Aufmerksamkeit. Der Gast soll im Idealfall so viel Gefallen an den Printprodukten finden, dass er sie (ob erlaubt oder nicht) gern mit nach Hause nimmt.
* Die Liste der möglichen Berührungspunkte mit Print ist ellenlang. Selbst der Deckel einer Aluschale, in der der Gast Speisen mit nach Hause nimmt, ist eine für die Kommunikation mit dem Gast nutzbare Fläche.

Streng genommen könnte man auf Printprodukte in der Hotellerie und Gastronomie eigentlich verzichten – von der Menükarte einmal abgesehen. Aber du willst ja deine Gäste beeindrucken, und das geht auch mittels Broschüren oder Flyer oder Postkarten oder oder … eben Dinge, die der Gast anfassen, in seinen Händen drehen und mit seinen Augen abtasten kann. Sorge bei solchen Printprodukten für Eye-candy [Zuckerwerk fürs Auge], und du wirst sehen, dass es deine Gäste lieben, egal, wie digital sie sonst unterwegs sein mögen.

HAUSPROSPEKT, IMAGEBROSCHÜRE, INFO-FLYER

Wenn jemand gut über deinen Betrieb spricht – super. Wenn er oder sie außer der mündlich vorgebrachten Hymne noch etwas Gedrucktes weitergeben könnte – umso besser. Der Klassiker fürs entspannte Blättern ist sicherlich eine Broschüre über deinen Betrieb. Betrachte sie als erweiterte Website: Hier gehören neben den wichtigsten Infos über das Haus und das Angebot auch Themen wie die Historie, das Team und die Umgebung mit hinein. Lass das Ganze von Leute layouten, die den lieben langen

Tag nichts anderes tun. Versuch bitte nicht, die Broschüre selbst zusammenzubasteln. Das merkt der Gast sofort und weiß den Schülerzeitschriften-Charme bestimmt nicht zu schätzen. Wenn du Profis ranlässt, kannst du sicher sein, dass sie sich ans Design-Manual [Handbuch mit den wichtigsten Gestaltungsregeln deiner Marke] halten. Wenn es bei euch kein solches Design-Manual gibt, sieh zu, dass sich die Layouter im Rahmen des bestehenden CDs [Corporate Design] bewegen, das heißt, dass das Logo des Betriebs auftaucht, die Farben übereinstimmen, die richtige Schriftart benutzt wird.

Ihr habt kein CD? Zurück auf LOS! – Nein, im Ernst, das ist eine wichtige Basis für die visuelle Kommunikation, und diese muss zumindest in Grundzügen irgendwo festgeschrieben sein.

Die visuelle Identität ist das eine, kommen wir zur sprachlichen: Die Image-Broschüre soll den richtigen Ton treffen. Du kannst nicht in der Broschüre locker-humorvoll rüberkommen und die Gäste womöglich duzen, wenn du sie auf der Website siezt und den Lesern dort eher mit förmlicher Haltung begegnest. Wie du deine passende Tonalität findest, wird in **KAPITEL 6** erläutert.

Diese Betriebe arbeiten mit Print-Produkten, die für den Gast eine angenehme Ergänzung zu den Informationen auf der Website darstellen:

HAUSZEITUNG, HAUSMAGAZIN

Das ist schon ein wenig aufwändiger: eine eigene kleine Zeitung rausbringen. Es gibt Häuser, die sehr wertige Magazine drucken lassen, andere jagen einfach täglich eine DIN-A4-Seite durch den Farbkopierer und gut ist. Beides hat seine Berechtigung. Der Begriff »Zeitung« gibt es schon vor: Hier geht es um aktuelle Informationen. Hier gehört das hinein, was kurzfristig für den Gast von Relevanz ist: Wetter, Veranstaltungen im Haus/in der Umgebung, Ausflugstipps, besondere Speisen an diesem Tag (z. B. fangfrischer Fisch), allgemeine Hinweise (z. B. Rauchmelder werden überprüft, nicht erschrecken), Tagesangebote und Last-Minute-Termine im Wellness-Bereich und so weiter. Diese News passen zu einer täglichen oder wöchentlichen Erscheinungsweise.

Das Format kann durchaus ein gut gestalteter DIN-A4- oder DIN-A5-Bogen sein, der tatsächlich im Kopierer vervielfältigt wird (und als PDF auch digital versendet werden kann). Das bedeutet wenig Aufwand, besonders dann, wenn es eine fertige Vorlage gibt, in die du vorzugsweise gleich früh am Morgen hineinarbeiten kannst. Nimm aber nicht das billigste Druckerpapier, das sich traurig in der Hand des interessierten Gastes wellt. Nimm ein Papier mit einer Stärke von mindestens 110 Gramm.

Wenn du etwas mehr Zeit hast, weil du die Zeitung im wöchentlichen Turnus rausbringst, kannst du mehr Seiten mit Inhalten füllen. Du kannst Hintergrundinfos bringen, wie sie auch gut in einen Blog passen würden (vgl. **KAPITEL 17**). Erzähle z. B. von der Historie des Hauses, stell ein Teammitglied ausführlich vor, porträtiere einen Zulieferbetrieb (Bäckerei, Metzgerei, Brauerei usw.), lass ein Original aus dem Ort zu Wort kommen und so weiter. All das trägt dazu bei, dass sich der Gast stärker an dein Haus gebunden fühlt. Das ist übrigens nichts anderes als CRM [Customer Relation Management = Kundenbeziehungsmanagement], von dem in den Business-Ratgebern die Rede ist. Das Format für eine solche kleine Zeitung könnte eine kleine rückstichgeheftete Broschüre sein, die du günstig in einem Copy-Shop oder als Digitaldruck produzieren lassen kannst.

Eine edlere (und teurere) Variante ist ein Hausmagazin, das höchstens ein Mal im Monat erscheint. Empfehlenswert ist ein halbjährlicher Rhythmus, weil der so schön mit den beiden wichtigsten Saisonzeiten, Sommer und Winter, harmoniert. Hier kannst du richtig kreativ sein und ganze Fotostrecken und andere Formate wie Interviews, Poetisches, Zeichnungen, Infografiken usw. unterbringen.

Schauen wir mal, was die Kollegen so machen:

IDEEN MUSS MAN HABEN: KARTEN UND AUFSTELLER

Die Menschen sind Sammler. Sehen sie irgendwo etwas, was ihr Interesse weckt und sogar noch umsonst ist, nehmen sie es gerne mit. (Wer je an einem Publikumstag auf der ITB in Berlin war, weiß genau, wovon hier die Rede ist.) Fast jeder wird von diesem Sammeltrieb beherrscht – nutze es aus! Indem du etwas produzierst, was a) gut aussieht, b) ein Werbeträger für deinen Betrieb ist und c) aufmerksamkeitsstark genug ist, um sich von dem täglichen Informationswahnsinn abzuheben, der den Gast umgibt. Das können z. B. sein:

- Postkarten, präsentiert in einem Ständer oder der Rechnung beigelegt
- Kleine Grußkärtchen fürs Kopfkissen oder für den Platz im Restaurant
- Mini-Daumenkino mit einer kleinen Geschichte, die den Betrieb zum Thema hat
- Aufsteller am Tisch, in der Lounge, in der Bar, die einen flotten Spruch tragen und »inoffiziell« mitgenommen werden dürfen
- Kofferanhänger, die du dem Gepäck verpasst, wenn es für den Gast nach dem Auschecken noch aufbewahrt wird
- Garderobenmarke mit einem flotten Spruch
- Stadtpläne mit persönlichem Design
- Untersetzer in einer Bar
- Hülle für die Chipkarte fürs Zimmer
- Was fällt dir noch ein?

Alle diese Produkte müssen einen hohen Grad an Ästhetik besitzen, sonst werden sie nicht mitgenommen und aus ist es mit der Reichweite. Idealerweise sind sie so schön gestaltet und treffen einen bestimmten Humor, dass sie gerne als Mitbringsel für die Lieben daheim eingesteckt werden. Wenn du einen Kofferanhänger oder eine Garderobenmarke (jeweils mit deinem Logo gebrandet) entwirfst, schreib etwas Ungewöhnliches darauf. »Für Sie mit Argusaugen bewacht« oder: »Schöner Mantel. Dürfen wir den behalten?« Mit solchen Texten schaffst du im Handumdrehen Gesprächsanlässe und erheiterst die Gäste (jedenfalls diejenigen, die einen Funken Humor besitzen). Und nun mach einen kleinen Kniefall vor den Kollegen, die das schon draufhaben:

JETZT MACH!

1. Entscheide, ob zu deinem Betrieb besser eine tägliche Hauszeitung, eine wöchent-liche Erscheinungsweise oder ein aufwändigeres Magazin passt, das nur zwei Mal jährlich herauskommt.
2. Sammle Ideen, Geschichten, Tipps usw. Lege dafür einen Ordner an, auf den jeder in deinem Betrieb Zugriff hat, damit das Ding auch ohne dich wachsen kann.
3. Mach die Ideenfindung zur (wöchentlichen?) Routine, die du mit einer Team-besprechung verbinden kannst. Eine zweiminütige Fragerunde reicht oft aus, um neue Impulse zu bekommen.
4. Arbeite mit einem Redaktionsplan (vgl. **KAPITEL 26**), um dir nicht jedes Mal aufs Neue Gedanken machen zu müssen.
5. Wenn du ein dickeres Magazin bestücken möchtest, schau dir an, wie es die Profis machen: Die einschlägigen Zeitschriften wie GEO, Landlust, Landliebe und auch Themenhefte zu bestimmten Regionen sind die perfekte Inspirationsquelle.
6. Keine Scheu vor ungewöhnlichen Print-Produkten wie Kofferanhänger, Garderoben-marken und so weiter. Gäste lieben die Überraschung.
7. Nimm dir die Mega-Checkliste am Ende des Buches vor und lass dich inspirieren. Was kannst du schnell umsetzen, ohne dass es viel kostet? Bring das innerhalb von 48 Stunden auf den Weg – sonst schlägt nämlich die Alltagskeule wieder zu und das Marketing-Zeugs muss sich wieder hintenanstellen.
8. Kümmere dich um visuelles Zuckerwerk, ja? Bitte.

LESESTOFF AM TISCH
KAUM ZU GLAUBEN, WIE VIEL TEXT DIR HIER BEGEGNET 🍽

DAS KAPITEL IN 7 SEKUNDEN

* Am Tisch hat der Gast etwas Zeit, und mit der Menükarte befasst er sich meist eine ganze Weile. Hier lohnt es sich, durchdachte Texte anzubringen.
* Jede Menükarte bietet die Möglichkeit, das Haus, die Gerichte und die Getränke als etwas Besonderes darzustellen. Es ist erfrischend, wenn sich die Karten durch unerwartete Bezeichnungen und Beschreibungen vom üblichen Einheitston abheben.
* Hat der Gast erst einmal bestellt, schweifen seine Augen über den Tisch und durch den Raum. Jetzt ist er aufnahmebereit für weitere Kontaktpunkte.
* Mögliche weitere Punkte sind: Platzdecken, -papiere; Reserviert-Schilder, Banderolen (um Servietten), Aufsteller jeder Art, Hinweise für Allergiker usw.
* Sind diese sehr ansprechend gestaltet, nimmt der Gast sie gerne mit und wird damit zum Multiplikator der Marke.
* Werden die Kontaktpunkte in einer einheitlichen Tonalität betextet und in einem wiedererkennbaren Corporate Design gestaltet, bleibt der Besuch dem Gast länger in Erinnerung.

Direkt dort, wo es sich dein Gast (hoffentlich) gemütlich macht, gibt es eine riesige Menge an Kontaktpunkten: am Tisch. Und meistens werden sie verschenkt! Mal an andere Reserviert-Kärtchen gedacht? Menükarte, Weinkarte so spannend geschrieben wie ein Krimi? Serviette, Tischsets als Träger von unvergesslichen Botschaften? Vergiss den Standard, mach was Neues! Fang am besten mit der Speisekarte an.

DIE MENÜKARTE

Christin Klima nennt es den »Speisekarten-Effekt«. In ihrem Blog-Artikel gibt sie zahlreiche Tipps, wie sich über den Kontaktpunkt Speisekarte jede Menge für den Gastgeber herausholen lässt. Schauen wir uns drei ihrer sieben Tipps einmal genauer an, denn diese drei haben mit Sprache und Text zu tun:

→ **Tipp 1:** Trau dich sprachlich was: Zarter Ziegenkäse, Goldhähnchen, Bernsteinkäse. Klingt doch gleich viel köstlicher.
→ **Tipp 2:** Sei emotional: Du liebst deine Produkte, deine Gerichte – also zeig das ruhig.

→ Tipp 3: Sorge für Bestellfreude: Gestalte z. B. bunte Icons für Unverträglichkeiten und lass die Währungszeichen weg.

(Quelle: https://blog.gastromatic.de/speisekarte-schreiben-tipps/)

Recht hat sie! Sprachlich mal was anderes wagen – wo steht geschrieben, dass es immer Vorspeise, Hauptspeise, Nachspeise heißen muss? Lehn dich zurück und genieße die folgenden Beispiele der Kollegen:

SCHWEIN, BERLIN

Das Berliner Restaurant Schwein findet andere Bezeichnungen:
Die Speisekarte trägt den Titel »iss« und arbeitet mit den Kategorien vorher, nebenbei, mittendrin, danach. Unter dem lapidaren »ps« finden sich die mehrgängigen Überraschungsmenüs. Die Getränkekarte (Weinkarte extra) trägt den Titel »trink« und arbeitet mit ähnlichen Verkürzungen aus dem Vokabular der Alltagssprache: von hier, von woanders, aus dem Fass, Highballs, von uns (eigene Kreationen), heiß (für die Kaffeespezialitäten). Das passt sprachlich zu dem ambitionierten jungen Restaurant mit flottem Service. Auch hier fällt bei einem Besuch der Sprachgebrauch einer der Kellner auf: Statt des obligatorischen »Sehr gern« als Antwort auf den Wunsch eines Gastes, sagt die flinke Servicekraft stets: »Mit Freude.« Mal eine andere Formulierung, ein spitzbübischer Gesichtsausdruck, und schon verknüpfen die Gäste den Ort im Kopf mit einem Erlebnis, das gewiss überdurchschnittlich war. Übrigens: Die Visitenkarte des Restaurants hat Postkartenformat, und auf der Rückseite steht in großen Lettern: Schwein gehabt.

www.schwein.online

KNIPSERS HALBSTÜCK, PFALZ

Die Speisekarte spielt mit dem ungewöhnlichen Namen des Restaurants: Halbstück.

Halbstückchen (die kleinen Speisen)

Das besondere Stück (Entrecôte)

Unsere Doppelstückchen (Hauptspeisen)

Unsere süßen Stückchen (Desserts)

… und zum Schluss (Käse)

www.halbstueck.de

FRIEDRICH, OSNABRÜCK

Das Restaurant verschickt regelmäßig eine digitale Wochenkarte, auf der grafisch sehr übersichtlich angeordnet die einzelnen Angebote stehen. Einzelne Rubriken tragen pfiffige Überschriften:

- Stressfrei am Morgen (Frühstück)
- Stullen & Brot (Take-aways)
- Daily (gleichbleibende Tageskarte)
- Mensa KW 38, außerdem die Wochentage mit jeweils einem Küchenklassiker, für den ein einziges Wort als Beschreibung ausreicht: Hühnerfrikassee, Schnippelbohnen, Spaghetti Bolognese (Tageskarte für jeden Wochentag).

www.friedrich-osnabrueck.de

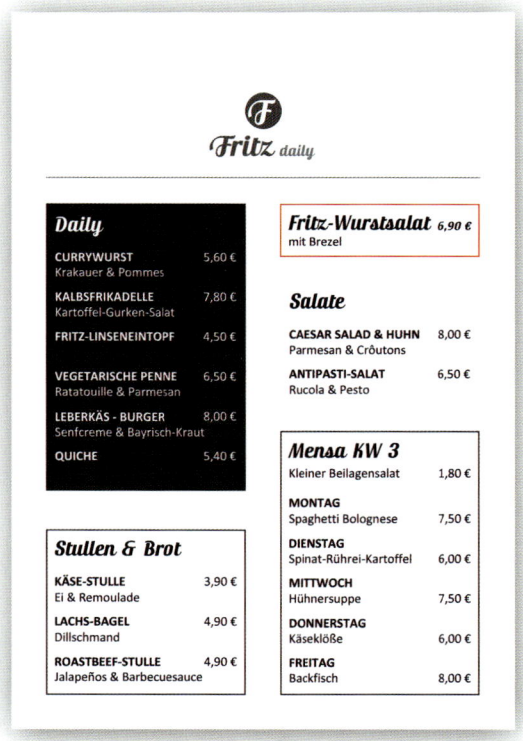

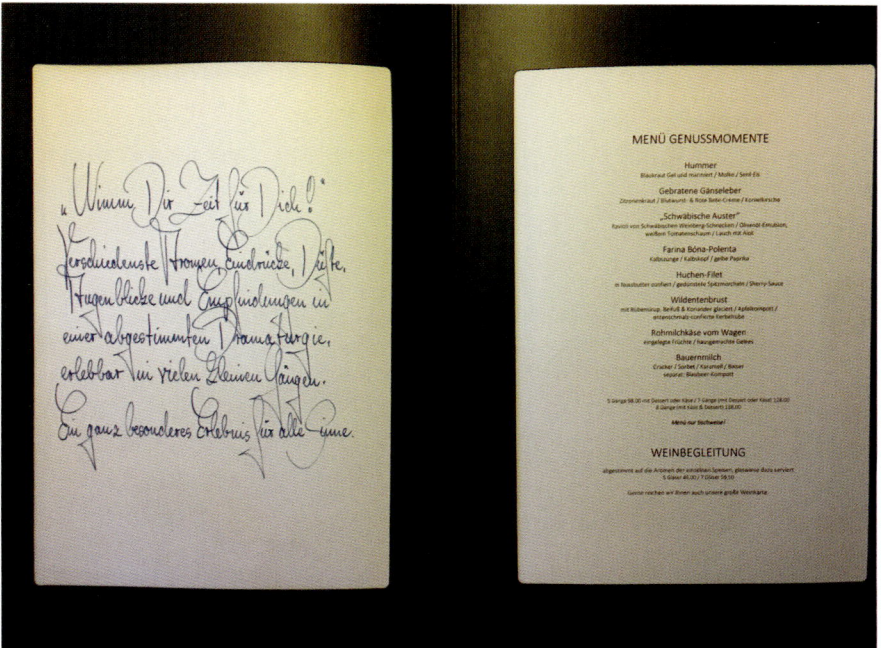

DER KOCH ALS KALLIGRAF

Wenn es bei euch im Betrieb jemanden mit einer schönen Handschrift gibt, fesselt ihn (oder sie!) an einen Stuhl, drückt ihm einen Füller in die Hand und diktiert ihm die Speisekarte. Und sagt ihm unbedingt, dass er einen wichtigen Beitrag zum Marketing leistet. Im Ernst, das Handwerkliche eines schönen Schriftzugs schafft Nähe und zeigt, worum es beim Kochen geht: um sorgfältig mit den Händen Erschaffenes.

Das hat ein (nicht nur kalligrafisch) begabter Koch aus dem Nördlinger Ries verstanden und gestaltet seine Menükarte folgendermaßen: Auf der linken Seite steht in schönster Handschrift der gedankliche Hintergrund zur Speise. Die Speisen selbst setzt er – praktisch denken! – im Textverarbeitungsprogramm und druckt die Texte aus, sodass er schnell auf Änderungen in der Menükarte reagieren kann. Diese ausgedruckten Menüseiten werden in die rechte Seite der Karte eingesetzt.

Eine schöne Variante für alle Menükarten ist es, Jahreszeiten zu thematisieren. Der Trend geht unvermindert weiter: saisonale und regionale Küche ist angesagt. Zeit, sich auch sprachlich um diese beiden wichtigen Pole von Essen und Trinken zu kümmern. Du kannst eigentlich alles machen, solange es nicht gewollt oder albern klingt.

Die frühherbstliche Karte kannst du, wenn dein Betrieb eine Ansprache in Englisch zulässt, so betiteln: About last summer. Das klingt ein wenig poetisch, wehmütig und lässt den Gast noch ein wenig mental im Spätsommer verweilen. Andere Varianten:
Herbst: Colours of autumn; Autumn leaves
Winter, hier eine nicht-englische Variante: Von Raureif, Reh und Rüben
Frühling: Ersprießliches Grün, erste warme Tage, Sehnsucht nach Sonne

---

GETRÄNKE EINMAL ANDERS

Überschreib doch mal die Rubrik mit den Schnäpsen und Bränden mit »Geist ist geil«. Oder die Weinkarte mit »Trink dich schön«. Das ist aber natürlich sehr salopp und sogar ein bisschen gewagt, funktioniert am besten mit einer Du-Ansprache und muss zum Stil deines Ladens passen.

Cocktails mit klangvollen Namen findest du in dem Hamburger Café und Restaurant In guter Gesellschaft. Die beiden Betreiberinnen haben es sich zur löblichen Aufgabe gemacht, eine No-Waste-Gastronomie auf die Beine zu stellen. Nicht nur die einzelnen Nachhaltigkeitsprozesse sind bis ins Kleinste durchdacht (Der Betrieb produziert nur 1 Liter Müll pro Woche!), sondern auch die Namen für Speisen und Getränke. Hier ein kleiner Auszug aus der Cocktailkarte:

Altes Lalaland 7,50 €

Zubrówka Vodka, Leev Apfelsaft, Minze

Warszawa Mule 8,50 €

Zubrówka Vodka, hausgemachte Ingwerlimonade, Gurke

Oh wie schön ist Panama 8,50 €

Abuelo anejo Rum, Zitrone, Zucker

Hamburg Buck 10,50 €

Gin Sul mit hausgemachter Ingwerlimonade und Zitronenzeste

Die Ginflut 12,50 €

Gin Sul mit Monaco Aqua Tonic

www.in-guter-gesellschaft.com

KNIPSERS HALBSTÜCK, PFALZ

Es geht auch ein wenig zurückhaltender und ist deshalb nicht minder aufmerk-samkeitsstark. Jenseits der üblichen Kategorien einer Weinkarte bewegt sich das Restaurant »Halbstück«. Dort sprechen die Inhaber ganz offen an, was sie zu der ungewöhnlichen Einteilung bewegt hat:

Liebe Gäste des Halbstücks, Weinaffine und Freunde des Genusses!

Wir haben lange überlegt, wie wir unsere sowie weitere Weine auf unserer Flaschen-Weinkarte präsentieren können. Oftmals lassen sich Weinbegeisterte durch die Lage oder die Herkunft eines Weins in Ihrer Auswahl limitieren, anstatt den Wein ganz frei, nach der jeweiligen Stimmung auszuwählen. Diesen Gedanken greifen wir auf und kategorisieren unsere Weine daher nach folgenden Stimmungen und Situationen:

• Leicht, locker und entspannt

• Zum Essen – vollmundig und auf den Punkt

• Große Momente – Erlebnisse zum Essen oder zum Genuss

• Experimente – Weine mit eigenständiger Handschrift und Extravaganz (...)

Wir wünschen Ihnen viel Spaß beim Lesen, Stöbern und vor allem Genießen.

Ihr Halbstück-Team«

www.halbstueck.de

JEDE FACETTE UMARMEN

Wie ist das eigentlich, wenn ein Gast nicht sprechen kann? Oder der Kellner hörbeeinträchtigt ist? Das bewundernswerte Projekt »Café ohne Worte« aus Köln macht die Gebärdensprache zum Thema und ist deshalb in der Kategorie »Sozial« für den Gastro-Gründerpreis 2017 nominiert worden. Die Getränkekarte gibt es in Form von kleinen Abbildungen, auf denen die Gebärdensprache für jeden verständlich dargestellt ist. Das reicht allemal, um dir entspannt etwas zu bestellen und dich gepflegt und leise zu betrinken, wenn du das willst.

LACHEN ERLAUBT!

Du wirst doch auch gerne erheitert – na also, dein Gast auch. Die Kollegen vom SomeDimSum-Restaurant in Hamburg haben den Bogen raus. Sie stellen die Menükarte online, und allein durch die Kommentare zu den Speisen fängt man an zu grinsen und möchte den Laden gerne aufsuchen.

Unter Füllung heißt es im Intro:
»Hier findest du alle Füllungen. Such dir aus, worauf du Lust hast. Ist aber alles lecker.«
Und hier ein paar Kommentare zu den Gerichten:
Watschelt auf der Zunge. Versuch den Wahnsinn! (Duck Delight)
Zaubert ein Japanlächeln auf deine Lippen. (Teriyaki Beef)
Der phantastische Allzeit-Favorit. (Ginger Chicken)
Whaaaaa! Der Aromen-Kick. (Singapore Pork 'n' Shrimp)
Für Profis! The real taste of Hinterhof. (Spicy Backyard)
www.somedimsum.de

GERICHTE SIND PERSÖNLICHKEITEN

Sie brauchen Namen, die einem das Wasser im Munde zusammenlaufen lassen. Kinderteller, Seniorengedeck, Bauernfrühstück, französisches Frühstück – alles schon gehört. Ein Bistro in Hamburg macht es anders.

Das Hamburger Bistro bietet 6 Frühstücksvarianten an. Jede davon lässt sich einer Vorliebe / einem Land / einer Situation zuordnen. Die Assoziationen haben freien Lauf:
Bonjour (französisches Frühstück)
Aspirin (Katerfrühstück)
Omm (vegane Variante)
Well (englisches Breakfast)
Gruezi (Ovomaltine, Käsefrühstück)
Eieiei (Variante mit allerlei Ei)

Ein Partyservice ist auf mediterrane Küche spezialisiert. Der Betrieb liefert seine Vorspeisen nicht in schnöden Alu-Schalen, sondern auf Original toskanischer Keramik. Diesen speziellen Service und die besondere Verbundenheit mit Italien möchte der Betrieb gerne noch stärker hervorheben – richtig so!
Die Kärtchen, auf denen die einzelnen Speisen beschrieben werden und die auch eventuelle Allergene auflisten, werden zum Träger einer Werbebotschaft: Mmmh … Marias gebackene Zucchiniblüten. Zzzart … Zio Carlos Vitello tonnato. Feinnn … Francescas Tiramisu

PLATZDECKEN, BANDEROLE, RESERVIERTKÄRTCHEN

Es hört ja nicht mit der Menükarte oder ein paar Schildchen auf. Was alles möglich ist, erklären ein paar Beispiele am besten. Wenn du Inspiration brauchst, schau in der Mega-Checkliste am Ende des Buches nach.

Das zum Hotel **La Maison** in Saarlouis gehörende **Bistro Pastis** stimmt den Gast schon direkt am Platz auf die leichte, französisch angehauchte Küche ein. Die Platzdecken sind aus dünnem, aber fesch bedrucktem Papier.

www.lamaison-hotel.de

Eine Banderole um die Stoffserviette zeigt dem Gast, dass das Material edel und frisch ist und bestätigt mit dem Logo noch einmal die Marke.

www.meyerskeller.de

Aus einem lapidaren Reserviert-Schild wird die charmante Absage »Schöner Platz, leider RISERVATO«.

www.losteria.de

Die Pommes kommen nicht auf den Teller, sondern in die Tüte. Wenn diese mit dem Logo des Betriebes bedruckt ist, fühlt sich der Gast im Kern der Marke pudelwohl.

www.resort-mark-brandenburg.de

JETZT MACH!

1. Nimm dir deine Menükarte vor und überlege, wie du aus Speisen Persönlichkeiten machen kannst.
2. Dasselbe machst du mit der Getränkekarte – dabei nicht übertreiben.
3. Wenn du saisonale Gerichte auf den Teller bringst, kurble mal deine Fantasie an, denn der Gast gähnt, wenn er »Weihnachtsmenü« oder »Frühlingsmenü« liest.
4. Google die Speisekarten von Kollegen und lass dich inspirieren.
5. Überleg dir, wo du den Gast mit weiteren Texten in Kontakt bringen kannst: Aufsteller? Banderole um eine Serviette? Platzdecken? Die Mega-Checkliste ist bestimmt hilfreich.
6. Sorge für ein gutes Layout. Eine übersichtliche Gestaltung der Karten bringt die Texte erst richtig zur Geltung. Nicht selber rumbasteln, lass Design-Profis ran.
7. Mach nicht alles auf einmal. Fang mit der Speisekarte an und arbeite dich langsam vor. Rom ist auch nicht an einem Tag erbaut worden.

# AUF DEM ZIMMER

MY ROOM IS MY CASTLE

DAS KAPITEL IN 7 SEKUNDEN

* **Das Zimmer ist für den Gast der einzige persönliche Rückzugsort im Haus. Es ist wichtig, dass er sich darin gut zurechtfindet und sich wohlfühlt. Bürokratische oder gar belehrende Hinweise sind völlig fehl am Platze.**
* **Die traditionelle Gästemappe hat (bald) ausgedient: Knapp gehaltene Inhalte und gute visuelle Umsetzungen sollten für den Gast digital auf dem Tablet bereitgehalten werden.**
* **Jeder Berührungspunkt im Zimmer birgt Chancen für gute Texte: von der Bedienungsanleitung für die Klimaanlage über die Info zum Fernseher bis hin zur Minibar.**
* **Es lohnt sich, Alternativen zu den herkömmlichen Zimmerkategorie-Angaben zu finden. Der Gast fühlt sich willkommen und aufgehoben, wenn er nicht im Standard-Einzelzimmer wohnt, sondern z. B. im »Nur für mich allein«-Zimmer.**
* **Mit systematisch in der Tonalität des Hauses betexteten Kontaktpunkten im Zimmer sendet man dem Gast die Botschaft, dass man sich seinetwegen genaue Gedanken gemacht hat und persönlich hinter dem gelungenen Aufenthalt steht.**

Wie betritt dein Gast sein Zimmer? Ist jemand von euch dabei, der vielleicht das eine oder andere im Raum erläutert? Oder geht der Gast eher allein auf sein Zimmer? Ist er müde oder aufgeregt? Wahrscheinlich ist er nicht unbedingt entspannt, und gelangweilt schon gar nicht. Dein Gast möchte sich in seinem Zimmer schnell zurechtfinden und bestimmt keine langwierigen Instruktionen lesen. Hast du dir einmal bewusst die Texte vorgenommen, die auf den Gästezimmern zu finden sind? Wie dick (oder womöglich auch zerfleddert oder abgegrabbelt) ist die Gästemappe? Oder gibt es ein Tablet? Was steht auf der Startseite? Wird der Fernseher irgendwo erklärt? Gibt es Hinweise im Zimmer als Aufsteller? Wie sieht es im Bad aus? Ist alles verständlich, informativ und vielleicht sogar kurzweilig? Du merkst schon: ein weites Feld zum Herumtollen für geniale Texter. Schauen wir uns einmal im Zimmer um.

GÄSTEMAPPE GOES DIGITAL

Vorbei die Zeiten, als dicke Mappen schwergewichtig auf dem Schreibtisch lagen, mit Infos gespickt, die heute jeder blitzschnell via Smartphone parat hat. Die Mappen werden immer schlanker, immer schicker – und sie werden digital. Mit der größten Selbstverständlichkeit liegen sie als Tablet auf dem Zimmer, und diese Entwicklung wird sich fortsetzen. In einigen Jahren wird es normal sein, dass den Gästen alle relevanten Infos direkt aufs Smartphone gespielt werden.

Aber es ist im Grunde egal, ob du deine Gästemappe noch old school als Print-produkt anbietest oder schon in die Tablet-Ära gewechselt bist. Das Prinzip bleibt das-selbe: Biete nur Infos an, die zum Haus gehören, strukturiere sie eindeutig, lass alles hübsch aussehen und nerve den Gast nicht mit tausend Bildern deines Hauses, denn er ist ja schon drin.

Verzichte auch auf eine langatmige Liste mit sämtlichen Telefonnummern, von der Rezeption über die Apotheke bis hin zum nächstgelegenen Optiker. Wer etwas möch-te, fragt die Rezeption, und die Telefonnummer der Rezeption schwebt allgegenwär-tig über jeder Seite, die der Gast aufschlägt. (Außerdem googeln die Gäste ohnehin mittlerweile alles selbst.) Neben der Durchwahl zur Rezeption, die selbstverständlich mit den freundlichsten und informiertesten Menschen dieser Welt besetzt ist, sind nur noch die Notrufnummern von Polizei und Feuerwehr erwähnenswert. Denn falls ein Notfall eintritt, geraten Menschen oft in Panik und können die einfachsten Dinge nicht mehr aus dem Gedächtnis abrufen.

Bei diesem Anhänger handelt es sich tatsächlich um eine Gästemappe. Zwar nicht digital, aber dafür erfrischend komprimiert als Print.

KLEINE TEXTÄNDERUNG – GROSSE WIRKUNG

Wie viel sich bereits mit kleinsten Änderungen des Textes erreichen lässt, hat der Nach-haltigkeitsmanager Melvin Mak von der TUI bewiesen. Ihn störte der hohe Verbrauch von Handtüchern in seinen Häusern. Die üblichen Hinweise, die an die Vernunft der Gäste appellieren oder gar ein wenig den moralischen Zeigefinger heben, bewirkten so gut wie gar nichts. Sie lauten in etwa so:

»Weltweit werden täglich in Hotels tonnenweise Handtücher gewaschen und riesige Mengen an Waschmittel verbraucht. Helfen Sie mit, unser Wasser weniger zu belasten, und leisten Sie Ihren Beitrag zum Umweltschutz.«

Melvin Mak machte den Test und ließ in einem der Häuser in einer Hälfte der Zimmer die herkömmliche Bitte, die Handtücher mehr als ein Mal zu benutzen, platzieren. In der anderen Hälfte der Zimmer wagte er verschiedene neue Formulierungen:

»Benutz mich morgen noch mal – genau wie zu Hause«

»Daheim wechseln die Leute die Handtücher alle drei bis vier Tage«

Das Ergebnis war erfreulich: In den Zimmern mit den neuen Hinweiskarten benutzten die Gäste ihre Handtücher wesentlich öfter mehr als ein Mal.

www.rp-online.de/wirtschaft/tui-will-hotelhandtuch-hinweise-aendern-aid-1.7000486

Woran liegt es, dass der neue Text erfolgreicher ist?
- Er ist sprachlich näher am Menschen dran (Duktus der gesprochenen Sprache).
- Er appelliert nicht an das Gewissen, sondern erinnert an eine alltägliche Situation, mit der der Gast sich sofort identifizieren kann.
- Er ist viel kürzer als die üblichen Hinweistexte.
- Er enthält die richtige Prise Humor und distanziert sich nicht von seinen Gästen.

Diese Merkmale kannst du dir für alle anderen Texte auf dem Zimmer zum Vorbild nehmen.

KLEINE BOTSCHAFTEN AUF EIGENTLICH LANGWEILIGEN FLÄCHEN

Das Düsseldorfer Lifestyle-Hotel **me and all hotels** hat sich etwas einfallen lassen, um jeden Kontaktpunkt für den Gast ungewöhnlich und humorvoll zu betexten: Auf den Zahnputzbechern steht »Toothpaste has no natural enemy«, auf den Schildern für die Türklinke prangt »Don't wake a sleeping tiger«. Dass alles auf Englisch formuliert ist, gehört zum Konzept dieses jungen Hotels, in dem übrigens konsequent geduzt wird. Hier ist die Zielgruppe (junge Städter) genau definiert und die Kommunikation entsprechend durchgestaltet. (Quelle: AHGZ, 29.7.17) Andere Flächen für Text, die oft vernachlässigt werden, betreffen Hinweise zu:
- Fernseher
- Unterhaltungselektronik
- Klimaanlage
- Öffnen von Fenstern, Terrassentüren
- Minibar
- Kitchenette
- Wasserkocher
- Room Service
- Türhänger »Nicht stören«
- Zimmerreinigung
- Wäscherei

- Schuhputzzeug
- Ein Haben-Sie-an-alles-gedacht?-Schild
- Packliste als Anreiz zum Wiederkommen

Keines, nicht ein einziges dieser Objekte solltest du dir entgehen lassen. Überall bietet sich für dich die Gelegenheit, deinen Betrieb als Wohlfühlort im Herzen des Gastes zu etablieren. Hier einige Anregungen:

Zum Beispiel der Fernseher:
Produziere eine kleine Karte, die eine abwaschbare Versiegelung erhält (nicht laminieren, das wirkt schnell billig). Stelle solche Karten in Hülle und Fülle her, denn sie müssen häufig ausgetauscht werden, damit sie nicht oll aussehen. Der Text könnte so lauten: »Der Fernseher ist bereits eingeschaltet; Sie müssen nur auf den Programmknopf P drücken. Hier die Liste der Sender: (...) Bitte rufen Sie einfach die Rezeption an, falls Sie Hilfe brauchen. Wir erklären alles mit Engelszungen oder unser Techniker Tom kommt in Windeseile zu Ihnen.«

Denkbar ist auch ein kleiner Zusatztext weiter unten auf der Karte: »Hoffentlich läuft etwas Gutes im Fernsehen! Falls nicht, können Sie auf unser Netflix-Angebot ausweichen. Oder Sie kommen hinunter in die Bar und unterhalten sich mit unserer Barkeeperin und anderen netten Menschen im Hotel.«

Mit wenigen Worten hast du Herzlichkeit, Pragmatismus und Verständnis für die Situation des Gastes bewiesen. Wundere dich nicht, wenn dein Gast diese Karte einsteckt. Hoffentlich tut er es – und wird dadurch zum Multiplikator deiner Marke.

Genial löst das das **Hotel Daniel**. An allen Punkten sind sie mit guten Texten und guter Gestaltung präsent:

NIX OLLES FÜR DIE BEZEICHNUNGEN VON ZIMMERKATEGORIEN!

Zimmerkategorien sind irgendwie langweilig oder sogar irreführend: Standard, Business, Superior, Premium, Doppelzimmer, Einzelzimmer, Suite – das geht freundlicher, individueller und humorvoller. Gut durchdachte Bezeichnungen tragen übrigens auch dazu bei, dass dein Gast sich nicht minderwertig fühlt, wenn er »nur« das Standard-Zimmer bucht.

Das Hotel PROVOCATEUR in Berlin spielt mit seinen Begriffen für die Zimmerkategorien auf das dem Hotel eigene Thema »Amour« an. Es lässt sich leicht erraten, welches Zimmer ein »Standard« und welches z. B. ein »Premium« wäre:
Petite | Intime | Supérieur | De Luxe | Terrace Suite | Maison Suite
www.provocateur-hotel.com

Du kannst dieses Prinzip für dich variieren. Am einfachsten ist das, wenn du bereits dein Thema gefunden hast (vgl. **KAPITEL 3**). Zum Beispiel so: Du bist einer dieser bett+bike-Betriebe am Donauradweg. Dein Thema: Fluss und Radfahren (wie könnte es auch anders sein). Deine Zimmerkategorien leitest du von einem dieser Themen ab:
- Einrad (Einzelzimmer)
- Tandem (Doppelzimmer)
- Rikscha (3-Bett-Zimmer/Familienzimmer)
- Hochrad (Zimmer unterm Dach)

Oder du nimmst den Fluss als Thema und spielst mit der Analogie von kleinen und großen fließenden Gewässern und Zimmergrößen: Bach, Fluss, Strom. Es ist auch gar nicht schlimm, wenn der Gast nicht sofort weiß, welche Kategorie sich dahinter verbirgt. Er wird das Enträtseln mögen oder aber fragen, und schon hast du die Möglichkeit, noch viel enger mit ihm in Kontakt zu treten.

ZIMMERN EINEN CHARAKTERSTARKEN NAMEN GEBEN

Zimmer 101, 201, 301 – kannste machen. Musste aber nicht. Der Gast identifiziert sich viel stärker mit seiner Unterbringung, wenn du seiner temporären Hütte einen Namen gibst.

Die Zimmer und Suiten der SEEZEITLODGE BOSTALSEE tragen verheißungsvolle Namen wie:
Wohlfühlkoje (das kleinste, auch als Einzelzimmer nutzbare Zimmer) | Waldzimmer (Blick zum Wald) | Seezimmer (Blick zum See) | Familiennest (mit separatem Kinderzimmer) | Traumblick Suite (großer Eckbalkon mit Blick über den See) | Lieblings Suite (traumhafte Ausstattung, u. a. mit Holzbadewanne im Zimmer) | Feuer Suite (Aussicht auf See und Feuerstelle im Garten)
www.seezeitlogde-bostalsee.de

Das Gästehaus berge des Möbeldesigners Nils Holger Moormann hält für jede Ferienwohnung eine Bezeichnung bereit, die sofort Assoziationen freisetzt. Die Namen
sind klug gewählt, denn sie haben zwei Bedeutungen:
Die herkömmliche, in unserem Alltagswortschatz gebräuchliche, oft humorvolle
Bezeichnung. Die zweite Bedeutung gibt die Architektur des Raumes vor, seine Lage
und Einrichtung. Mit »Vorderstübchen« ist einerseits »Gehirn« oder »Gedächtnis«
gemeint, andererseits bezeichnet es eine der kleinsten, charmanten Unterbringungen
innerhalb des Gästehauses **berge**. Hier sind noch mehr Namen für die Zimmer in der
berge: Hohe Kammer | Bergebude | Gipfelstürmer | Nordwand | Liftstube | Garten-
glück | Kampenblick | Zaungast | Gartenzwerg | Straßenfeger | Sommerloch | Basislager
www.moormann-berge.de

JETZT MACH!

1. Nimm dir dein Smartphone und geh in eines der Gästezimmer bzw. in die Ferienwohnung. Durchforsche systematisch jeden Quadratzentimeter und fotografiere
   alle Stellen und Ecken, an denen du Text sinnvoll platzieren könntest. Zimmertür?
   Lichtschalter? Bluetooth-Boxen? TV-Gerät? Markise? Herd? Minibar bzw. ein Hinweis
   darauf, dass es bewusst keine Minibar gibt? Und so weiter.

2. Es klingt etwas experimentell, aber: Zeig die Fotos einem Kind, das sechs bis zehn
   Jahre alt ist. Frag den jungen Menschen, was für Hinweise er dort gerne hätte und
   wie die ungefähr lauten sollten. Alternativ kannst du auch einen älteren Menschen
   (70 plus) befragen. Oder beides. Glaub es uns einfach, es kommen sehr hilfreiche
   Anregungen für dich dabei heraus.

3. Fang an, für alle Punkte auf den Fotos einen kurzen Satz zu entwerfen. Vielleicht
   findest du ein ungewöhnliches Prinzip, das du durchziehen kannst. Wenn nicht,
   bleib einfach bei einem freundlichen und sachlichen Ton.

4. Bevor du alle Zimmer mit den neuen Texten ausstattest, mach einen Test: Verteile
   die neuen Textschnipsel auf Klebezetteln im Raum an den jeweiligen Punkten.
   Und nun schickst den besagten jungen und/oder älteren Menschen durch und
   dankst ihm auf Knien für sein Feedback.

5. Sei kreativ und verteile statt Zimmernummern lieber vielversprechende Namen.
   Benenne die Zimmer z. B. nach ihrem Ausblick: Gartenzimmer, Bergzimmer,
   Terrassenzimmer. Oder benenne Ferienwohnungen nach Flora oder Fauna:
   Apartment Edelweiß, Apartment Buschwindrose, Apartment Füchslein …

6. Wenn du dir Gedanken über eine neue Gästemappe machst, überlege, ob du nicht
   gleich in die digitale Welt wechselst und ein Tablet aufs Zimmer legst. Wenn das
   nicht ins Budget oder zum Stil deines Betriebes passt, reduziere die neue Gästemappe auf jeden Fall auf das Wesentliche.

KEINE SCHLECHTE LAUNE
NO BAD TEMPER

KRAWATTE? PROBIER'S MAL OHNE
TIE? WHY NOT TRY WITHOUT

KEINE BETRIEBSSPIONAGE
NO SPIES

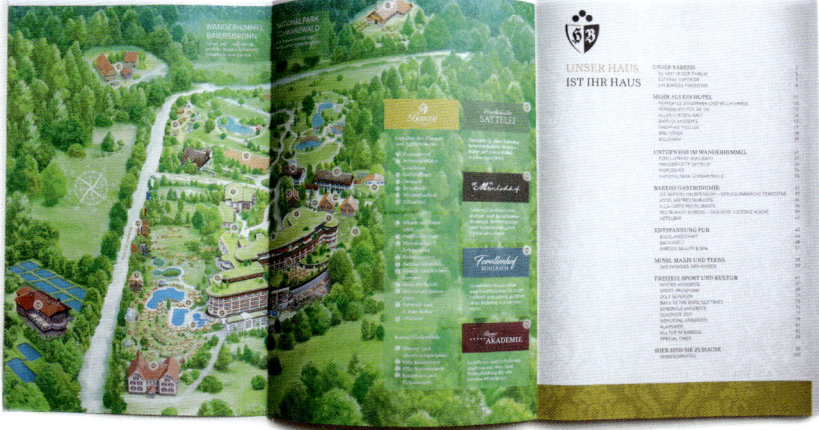

IM, AM, UMS HAUS
SCHILDER, WEGWEISER, ZEICHEN ⇨

DAS KAPITEL IN 7 SEKUNDEN

* Jedes Schild, jeder Hinweis im, am und ums Haus herum stellt eine
  Visitenkarte deines Betriebes dar.
* Eine Visitenkarte ist sehr individuell. Beschilderungen sollten dies auch sein.
  08/15-Formulierungen und vorgefertigte Schilder aus dem Baumarkt sind
  fehl am Platze.
* Manche Verbotsschilder müssen sein. Aber sie müssen nicht streng
  oder unhöflich rüberkommen.
* Hinweise und Schilder mit einem kleinen Touch von Humor kommen
  bei Gästen ziemlich gut an.
* Auf international bekannte Zeichen und Symbole (Piktogramme)
  ist immer Verlass. Es ergibt Sinn, diese auch zu benutzen.
* Gäste sind gute Feedbackgeber, wenn es um Wegweiser und
  andere Leitsysteme geht. Ihre Wahrnehmung sollte man ernst nehmen.

Dass man sich um die Menükarte zu kümmern hat und um eine gute (digitale) Gästemappe, ist mittlerweile überall angekommen. Komisch nur, dass die Beschilderungen
oft vergessen werden. Da strotzt es dann vor bürokratischem Deutsch und strengen

Formulierungen. Am besten, du gehst einmal systematisch durchs Haus und notierst dir, wo du überall Hinweise und Beschilderungen findest: Eingang, Parkplatz oder Tiefgarage, Restaurant, andere Einrichtungen im Haus, Fahrradabstellplatz, barrierefreie Zugänge, Außenbereich, Menükarten in Außenvitrinen, Richtungsangaben (zur Altstadt, zum See usw.), Verbotsschilder, Raucherzonen usw. Trägt jedes Schild euren Absender? Gibt es ein Logo auf jedem Schild? Sind alle Schilder nach einem einheitlichen Layout gestaltet?

Im Osnabrücker **Arcona Living Hotel** achtet man sehr auf kleine Text-Details bei der Beschilderung. So heißt es z. B. bei der Beschriftung der WC-Türen ganz klassisch »Damen« und »Herren«. Für die Mitarbeiter jedoch heißt es nicht »Personaltoilette«, sondern »Gastgeber«. Das hat wirklich Stil.

FINGER WEG VOM BÜROKRATENDEUTSCH

»Wir ersuchen Sie höflichst …« – »Zuwiderhandlungen werden bestraft« – »Der Wellnessbereich befindet sich im Untergeschoss« – »Montag Ruhetag« … das ist alles nicht verkehrt, aber unnötig distanziert formuliert und wenig gastfreundlich. Was immer hilft, ist das berühmte Gespräch mit deinem Nachbarn (vgl. **KAPITEL 4**).

Wenn du deinem Kumpel sagen möchtest, dass er etwas Bestimmtes beachten soll, würdest du ja auch nicht sagen: »Torsten, ich ersuche dich höflichst, das Rauchen im Treppenhaus zu unterlassen.«Das würde wohl eher so klingen: »Ey, Torsten, hier kannste nicht rauchen. Hinten im Hof gibt's einen Raucherpavillon.«

Und damit das Ganze für einen Hinweis auf einem Schild taugt, könnte das etwa so lauten: »Bitte nicht im Treppenhaus rauchen. Es gibt einen gemütlichen Raucherpavillon auf dem Hof, nur eine Minute entfernt.«

Und wenn Torsten die Sauna sucht, sagst du auch nicht: »Torsten, der Wellnessbereich befindet sich im Untergeschoss.« Sondern du sagst: »Sauna, Pool usw. sind unten.«

Fürs Schild könnte man es so formulieren: »Zur Wellness geht es eine Etage tiefer«.

Wenn du dir unsicher bist, leg jemandem einfach zwei Varianten vor, am besten einem neuen Gast. Dein Gast fühlt sich übrigens wertgeschätzt, wenn du ihn nach seiner Meinung fragst. Außerdem bekommt er mit, dass ihr euch Gedanken über eine gute Kommunikation macht. Nutze das Feedback-Potenzial deiner Besucher!

WAS GUT AUSSIEHT, WIRD BESSER BEFOLGT

Wo steht eigentlich geschrieben, dass Hinweis- und Verbotsschilder in Großbuchstaben gesetzt werden und mit vielen Ausrufezeichen versehen sein müssen? Und dass es immer schwarze Schrift, gerne als Fettdruck, auf weißem Grund sein muss, möglichst noch mittig gesetzt?

Mach es anders! Deine Schilder müssen klasse aussehen. Wenn du sie zum Hingucker machst, werden sie besser wahrgenommen und der Inhalt (Info, Bitte, Verbot) besser beachtet. Lass sie von einem Grafik-Designer layouten und versuch es gar nicht erst selbst. Wenn dein Betrieb ein richtiges Corporate Design hat, gibt es Regeln, an das sich jedes Layout halten muss. Ein professioneller Designer weiß das alles.

Vorbildlich macht es das Resort MARK BRANDENBURG in Neuruppin:
Das Schild ist auffällig, gut layoutet, es trägt das Logo des Betriebs und ist mit einer Prise Humor im Duktus der gesprochenen Sprache formuliert. Auch die Ergänzung »ohne Gebühr« zeigt, dass sich der Gastgeber in seine Kunden hineinversetzt hat.
www.resort-mark-brandenburg.de

Viele ausländische Gäste scheuen sich davor, nach der Toilette zu fragen. Das kann kulturelle Hintergründe haben, aber auch daran liegen, dass sie Mitarbeiter des Hauses ungern in einer fremden Sprache ansprechen. Eindeutige, international verwendete Zeichen sind hilfreich. Besser als »WC« sind die Piktogramme für Mann und Frau (die Diskussion um Gender-Toiletten mal ausgeklammert). Statt »Barrierefreier Zugang« ist das Piktogramm mit der Person im Rollstuhl eindeutiger.

Vielleicht hast du die tollsten Schilder vor einiger Zeit angebracht und dein Gast läuft ein wenig spazieren und sieht: abgesplitterte Ecken, rostige Befestigungen, Graffiti, Grünspan oder gar Moos, beschlagene Glasvitrinen, hinter denen sich das Papier der Menükarte in unattraktive Falten legt – du verstehst. Wie schon gesagt: Jedes einzelne Schild ist eine Visitenkarte deines Hauses. Lass jemanden regelmäßig eine Runde drehen, bei der es nur darum geht, dass die Schilder intakt sind und aktuelle Informationen enthalten. Niemand nimmt deinen Laden ernst, wenn es auf dem Schild bei der Einfahrt heißt »Eingang während der Umbauphase über den Hof« und der Haupteingang ist schon längst fertig. Das ist in etwa so, wie Weihnachtsgrüße mit dem Datum vom letzten Jahr zu versenden.

VERBOTE: WIE STRENG MUSST DU SEIN?

So was kennen wir alle: »Wir bitten davon abzusehen, die Tiere zu füttern.« Brr. Wer »davon abzusehen« schreibt, benutzt Bürokratendeutsch. Auch das »Wir bitten« muss nicht sein. Ein einfaches »Bitte« klingt weniger distanziert. Und es ist nun mal so, dass der Mensch Verbote besser befolgt, wenn er weiß, warum es dieses Verbot gibt. Hilf deinem Gast ein wenig auf die Sprünge und formuliere notwendige Verbote weniger streng.

• Bitte die Tiere nicht füttern. Sie reagieren sehr empfindlich auf jedes Futter, das sie nicht gewohnt sind.
• Bitte parken Sie hier nicht, sondern nutzen Sie die Parkplätze in der Tiefgarage.
• Halt! Gefährliche Gewässerstelle mit starken Strömungen. Bitte nutzen Sie die bewachte Badestelle.
• Bitte beachten Sie: Dieses Haus ist rauchfrei. Den Raucherpavillon finden Sie im Hof.
• Bitte nicht ins Becken springen! Dieser Pool ist als ruhige Schwimmzone gedacht.
www.hoteldaniel.com

LACH MAL

Schon früh lernt man, dass Schilder im öffentlichen Raum meist etwas mit Verboten oder Reglementierungen zu tun haben. Auf deinem Grundstück und in deinem Haus machst du das anders. Hier soll es Spaß machen, Schilder zu entdecken und zu lesen. Zum Beispiel so:

Statt »Fahrradschuppen«: Stall für Ihre Drahtesel

Statt »Massageraum«: Knetkammer

Statt »Küche, Zutritt verboten«: Halt! Küchengeheimnis.

Statt »Speisesaal«: Saal der Gaumenfreuden

Statt »Parken strengstens verboten«: Denken Sie nicht einmal in Ihren kühnsten Träumen daran, hier zu parken. Erlaubtes Parken 100 Meter weiter rechts.

Statt »Behindertenzugang«: Frei von jeder Barriere: Damit Sie gut bei uns ankommen.

Statt »Dachterrasse im 6. Stock«: Luft und Licht auf der Terrasse in der 6. Etage

Statt »Springen vom Beckenrand verboten«: Reinspringen? Bloß nicht! Dieser Pool ist dafür gedacht, dass man ruhige Bahnen ziehen kann.

Das sind alles nur Vorschläge – wichtig ist, dass es zum Ton deines Hauses passt und dass du überhaupt erstmal einen Blick für die Schilderwelt bekommst.

JETZT MACH!

1. Sieh dir genau an, wo überall Schilder und Hinweise im Betrieb angebracht sind.
2. Wo fehlen Hinweise?
3. Verzichte auf vorgedruckte Hinweisschilder. Sie sind oft bürokratisch, sehen langweilig aus und drücken bestimmt nicht den Geist deines Hauses aus.
4. Halte dich an den Duktus der gesprochenen Sprache, wenn du Schildertexte anfertigst.
5. Formuliere Verbote höflich und eher als Bitte.
6. Sorge dafür, dass jedes Schild, jeder Hinweis mit dem Logo deines Betriebs versehen ist. So ist der Absender sofort jedem klar.
7. Checke regelmäßig, ob die Schilder noch intakt und aktuell sind. Fürs Image ist es enorm wichtig, dass alle Schilder tiptop aussehen.
8. Hole Rückmeldungen von deinen Gästen ein: Sind die Schilder verständlich? Sind sie an den richtigen Stellen angebracht? Sucht dein Gast etwas Bestimmtes, für das Hinweise fehlen? Empfindet er die Schilder als angenehm oder als bevormundend?

⑫ DEIN TEAM – LASS ES STRAHLEN
DEINE LEUTE HABEN GUTE TEXTE VERDIENT 🤝

DAS KAPITEL IN 7 SEKUNDEN

* **Die Mitarbeiter sind der wichtigste Kontaktpunkt für Gäste. Das Ambiente mag noch so perfekt und kuschelig sein – wenn das Personal nicht gut drauf ist, ist alles verloren.**
* **Eine farblose, austauschbare Beschreibung des Teams wirkt lieblos und wenig wertschätzend – sowohl für den Gast als auch für die Mitarbeiter selbst.**
* **Je spezifischer über einen Mitarbeiter geschrieben wird, desto neugieriger wird der Gast und desto mehr lässt er sich vor Ort auf die Situation ein. Er möchte Teil dieses motivierenden Erlebnisses werden.**
* **Mit herkömmlichen Funktionsbezeichnungen wie Hausdame, Kellner, Koch usw. assoziieren die Gäste oft austauschbare Tätigkeiten. Dabei hat jeder Posten einen starken Einfluss auf das Wohlbefinden des Gastes. Wird diese wichtige Bedeutung in Teambeschreibungen formuliert, erkennt der Gast den Mehrwert, den das Haus für seinen Aufenthalt bietet.**
* **Fantasievolle und/oder humorvolle Beschreibungen passen nicht zu jedem Betrieb. Im Zweifel bleibt man bei eher zurückhaltenden Formulierungen, was die Mitarbeiter angeht.**
* **Das Team selbst sollte sich in den Beschreibungen wiederfinden.**

Deine Mitarbeiter sind das Kostbarste, was du hast. Dein Betrieb funktioniert auch, wenn der Aufzug oder die Kaffeemaschine ausfallen, aber auf deine Servicekräfte, auf die Köchin, auf den Empfangschef kannst du nicht verzichten. Übrigens messen deine Gäste den Menschen, mit denen sie während ihres Aufenthaltes zu tun haben, eine ähnliche Bedeutung zu wie du. Für die Gäste sind deine Mitarbeiter ausschlaggebend für das Sich-Wohlfühlen und für positive Erinnerungen. Da mag der Wein noch so gut, der Aufzug noch so hochglänzend sein – auf die Menschen kommt es an.

Damit der wichtigste Bestandteil deines Betriebs mehr als nur Frau Müller und Herr Schuster ist, gib ihnen ein markantes Profil. Das wirkt auch nach innen gut: Wenn das Team mehr Aufmerksamkeit bei der Beschreibung erhält, fühlt es sich besser wertgeschätzt und identifiziert sich stärker mit dem Job.

SAG ES TREFFEND

Kennst du dieses Phänomen? Wenn ein Lob sehr allgemein formuliert ist, wirkt es kaum und wird nicht so ernst genommen.

»Das haben Sie gut gemacht.« Das ist zwar schön, aber nicht so konkret, dass sich der »Gelobte« gemeint fühlt.

»Mir gefällt es gut, wie Sie eben auf den Gast zugegangen sind und ihm angeboten haben, ihm den Mantel abzunehmen, während er in der Hotel-Boutique stöbert.« Hier weiß die Mitarbeiterin genau, was dir an ihrem Verhalten positiv aufgefallen ist. Das Lob ist spezifisch auf sie bezogen. »Das haben Sie gut gemacht« könnte auf jeden anderen auch passen.

So, und dasselbe Prinzip gilt auch für die Beschreibungen deines Teams. Je genauer und individueller, desto überzeugender und motivierender.

Bei den Beschreibungen der Teammitglieder des Betriebs Kumpel & Keule möchte man jeden einzelnen sofort kennenlernen. Sie eint die Überzeugung, dass das gute alte Metzgerhandwerk wiederbelebt werden kann und muss. Zu jedem Text gibt es ein Porträtfoto in Schwarz-Weiß, das das Teammitglied in einer entschlossenen Pose zeigt.

MATZE KÜCHENCHEF: Sein Handwerk hat Matze, so wie es sich gehört, fein und anständig im Schloss Lübbenau im Spreewald gelernt. Als das langweilig wurde, hat er sich durch sämtliche Restaurants in Berlin gefuttert und sich in die spanischen Tapas verliebt. Hat in der Schiffskombüse guten Fisch gebrutzelt und auf dem Wacken Festival Pulled Pork gesmoked. Jetzt ist Matze Küchenchef bei K&K.

BENNY METZGERMEISTER: Konditor oder Fleischer werden war 2005 die Frage, und Gottseidank hat sich Benny gegen Plunder und Apfelkuchen und für »was mit Tieren« entschieden. »Ein dummet Schwein gibt et nich«, weiß Benny und auch wenn das für manche immer noch komisch klingt: Ein guter Metzger liebt die Tiere. Nur mit einem Herz für sie kann etwas Gutes entstehen. Benny fühlt sich jedes Mal verantwortlich für das Tier, wenn es vor ihm liegt, und er ist überzeugt, dass wir »eine Verantwortung haben, das wirklich Beste daraus zu machen und jeden Teil des Tieres zu verwerten. Das sind wir dem Tier schuldig«, sagt er.

TORSTEN METZGERGESELLE**:** Torsten hat sein Handwerk in Stahnsdorf bei Potsdam gelernt. Da stand die Mauer noch. Nach seiner Lehrzeit und ein paar Jahren als Metzger vor den Toren Berlins ist er ins KaDeWe gewechselt und hat dort Kunden wie Mario Barth oder Angela Merkel bedient. Seit Anfang 2016 schwingt Torsten die Messer bei Kumpel und Keule. Der FC St. Pauli-Fan hat so wie wir alle absolut Kein Bock Auf Nazis und engagiert sich neben seinem Job für Geflüchtete.

www.kumpelundkeule.de/ueber-uns

Hier schreibt der Inhaber eines kleinen, feinen Dresdener Weinbistros über sich selbst. Der erste Teil ist eine emotionale Beschreibung seiner Kindheit und Jugend. Im zweiten Teil erzählt er in etwas sachlicherem Ton von seinen einzelnen Stationen in der Sterne-Gastronomie. Hier der erste Teil:

ICH BIN JENS: Im Jahr 1972 (leider ein schlechter Weinjahrgang) erblickte ich in meiner Stadt Dresden das Licht der Welt. Vorbelastet durch meine Eltern, die in den 70er Jahren die gastronomische Leitung des Dresdner Fernsehturms innehatten, war mein Weg in die Gastronomie sicherlich vorbestimmt. Einer der wichtigsten Tage in meinem Leben war der 29. Mai 1982, als mein Vater mich zu meinem ersten Heimspiel von Dynamo mitnahm (3:0 gewonnen, natürlich). Seither gehört das schwarz-gelbe Virus zu mir wie der Riesling in den Rheingau. (...)

www.weinzentrale.com/jens.html

FRÖHLICHKEIT IST ANSTECKEND

Wenn du deine Begeisterung für die eigenen Mitarbeiter überzeugend rüberbringst, freut sich der Gast umso mehr auf den Aufenthalt bei dir. Er möchte gerne dort sein, wo die Leute sich so gut verstehen und Spaß bei der Arbeit haben.

Das Weingut am Stein ist ziemlich begeistert von seinen eigenen Leuten, und das merkst du tatsächlich sofort, wenn du dir den Text übers Team durchliest:
»WAS SIND WIR GLÜCKLICH ÜBER UNSER ENGAGIERTES TEAM. Es wird viel gearbeitet, und es ist auch mal anstrengend. Eine international bunt gewürfelte Truppe über alle Sprachgrenzen hinweg engagiert sich Tag für Tag im Weinberg. Hin und wieder wird aber auch gefeiert. Donnerstags treffen sich alle zum gemeinsamen Mittagstisch in unserem Küchenhaus, um sich auch mit den Kollegen aus Keller & Vertrieb auszutauschen.«
Sehr gut hat das Weingut die Kombination von Bild und Text gelöst: Der begeisterte Text ist eingebettet in Fotos vom Team. Wenn du die Frauen und Männer so siehst, bei der Weinlese, beim gemeinsamen Essen, bekommst du richtig Lust, dort mitzumachen. Mission accomplished.
www.weingut-am-stein.de/de/Team.html

Ein kleines Hotel in Kassel, Nähe Wilhelmshöhe, stellt seine Mitarbeiter auf ungewöhnliche Weise den Gästen vor und schlägt damit gleich zwei Klappen:
Die eintönige Fassade der 70-er-Jahre-Durchschnittsarchitektur wird erheblich aufgewertet, und gleichzeitig stellt sich Nähe zwischen Team und Gast ein. Das Hotel zeigt nach außen, wie viel ihm die Mitarbeiter wert sind, und eine solche Philosophie kommt bei den Gästen sehr gut an.
www.kurparkhotel-kassel.de

Dein Team

WOFÜR DEINE TEAMMITGLIEDER EIGENTLICH DA SIND

Mit den herkömmlichen Begriffen wie Rezeptionist, Hausdame, Koch, Bedienung kann jeder etwas anfangen, und es ist auch nicht falsch, deine Leute so zu bezeichnen. Richtig spannend wird es aber, wenn du formulierst, welchen Mehrwert die jeweilige Funktion für den Gast erzeugt. Du löst dich damit vom gewohnten, vielleicht sogar langweiligen Bild, das man sich von den einzelnen Aufgaben macht, und stellst die Tätigkeiten der Einzelnen in einen größeren, bedeutungsvolleren Zusammenhang.

- Das ist Ursula Menke. Sie wacht mit aufmerksamen Augen über dieses Haus. (Hoteldirektorin)
- Das ist Avital Granot. Mit ihr beginnt Ihr Aufenthalt in unserem Hause. (Empfang, Rezeptionistin, Empfangsmitarbeiterin)
- Das ist Franziska Feier. Sie sorgt für Ihr frisch gemachtes Bett und Ihr aufgeräumtes Wohlfühl-Zimmer. (Zimmermädchen, Housekeeping, Reinigungskraft)
- Das ist Jens Münch. Er ist Auszubildender im dritten Jahr und wirkt damit dem Fachkräftemangel entgegen. (Kellner, Servicekraft, Azubi)
- Das ist Monika Sommer. Sie kümmert sich darum, dass sich unsere Gäste im Restaurant rundum wohlfühlen. (Restaurantleiterin)
- Das ist Ines Strobel. Sie herrscht über unsere Weinflaschen und kümmert sich darum, dass Sie das Richtige ins Glas bekommen. (Sommelière)
- Das ist Jonathan Goldmann. Er ist ein Könner auf dem Gebiet der saisonalen und regionalen veganen Küche. (Koch)
- Das ist Detlev Naumann. Er sorgt für Ihren perfekten Start in den Tag. (Frühstücksservice)
- Das ist Ahmad Hamadi. Er springt ein, wo er im Haus gebraucht wird. (Aushilfe)
- Das Philipp Nagel. Er spült alles, was nicht niet- und nagelfest ist, und hält den Köchen den Rücken frei. (Spüler, Küchenhilfe)
- Das ist Lu Makami. Sie bäckt nicht nur kleine Brötchen, sondern auch große Torten für Sie. (Patissière, Konditorin, Bäckermeisterin)
- Das ist Justin Springfield. Er versteht nicht nur etwas von Whisky und Gin, sondern kennt auch die besten Plätze zum Angeln. (Barkeeper)
- Das ist Ludwig Lasalle. Er kreiert ein gutes Körpergefühl. (Masseur)
- Das ist Lynn Schuster. Sie kennt jede Schraube im Haus. (Haustechnikerin)

Diese Liste lässt sich unendlich fortführen. Sie beruht auf dem einfachen Kniff, sich Gedanken darüber zu machen, welchen Benefit [Mehrwert, Vorteil] die Gäste durch die einzelnen Tätigkeiten des Teams erhalten. Dies ein sicheres Prinzip, das du überall anwenden kannst.

NEUE NAMEN

Du kannst auch die Funktionen der Teammitglieder mit ungewohnter Bedeutung aufladen und deinen Leuten ganz neue Namen geben. Da ist ein bisschen Fantasie gefragt. Je nach Kontext kannst du dir sehr humorvolle Dinge einfallen lassen. Aber Achtung, es muss zum Haus passen! In einem traditionsreichen ersten Haus am Platz sind die herkömmlichen Funktionsbezeichnungen wahrscheinlich angemessener. Wichtig ist auch, dass du deine Leute vorher fragst, ob sie mit den Bezeichnungen mitgehen. Hier ein paar Beispiele zur Inspiration:

- Gute-Laune-Beauftragte (Rezeptionistin, Empfang)
- Coffee-Queen (Barista, Frühstücksraum)
- Weinauskenner (Sommelier, Systemgastronomie)
- Kinderbelustiger (Animateur, Familienhotel)
- Fußstreichlerin (Podologin, Wellnessbereich)
- Herr der Unterwelt (Heizungsingenieur, Thermenlandschaft)
- Nachtwächter (Nachtportier, Hotel)

JETZT MACH!

1. Mach dir (mal wieder) ne Liste: deine Teammitglieder. Jedes einzelne.
2. Schreib die jeweilige Funktion dahinter und notier dir ein paar Stichpunkte zu jeder Person.
3. Wenn du eine gefühlsbetonte Herangehensweise schätzt, schreib ein paar positive Eigenschaften zu jedem Mitarbeiter auf. Zum Beispiel: »Tomacz, Empfangsmitarbeiter: immer gute Laune, spricht fließend Deutsch, Englisch, Kroatisch. Unendlich geduldig.« Aus diesen Schnipseln kannst du im Handumdrehen eine kleine Beschreibung basteln.
4. Wenn du es etwas förmlicher angehen möchtest, kannst du Fakten zu jeder Person sammeln: Seit wann ist sie im Betrieb? Welche Stationen gab es vorher? Gibt es irgendeine andere Zahl/einen Fakt, die man mit diesem Mitarbeiter in Verbindung bringen könnte? Zum Beispiel: »Mareile, Housekeeping. Seit 4,5 Jahren dabei. Vorher Büglerin in einem Wäschereibetrieb. Schafft 6 Zimmer in einer Stunde.« Auch diese Fakten lassen sich zu einem herzlichen »Steckbrief« zusammenfügen.
5. Überleg dir den Benefit, von dem der Gast profitiert, eben weil es diesen Mitarbeiter gibt. Formuliere diesen Vorteil und kommuniziere ihn nicht nur in den Texten, sondern auch in der mündlichen Kommunikation, z. B. wenn du eine Mitarbeiterin einem Gast vorstellst. Zum Beispiel: »Das ist Hatice Bülgün. Sie macht aus dem Spa-Bereich eine echte Wohlfühl-Oase für Sie.«
6. Bezieh dein Team mit ein, wenn du es beschreiben möchtest. Deine Leute wollen sich wiedererkennen. Wenn ihr das gemeinsam besprecht, kommen bestimmt auch Vorschläge, die dir selbst nicht eingefallen wären. Nutze die kollektive Klugheit der Gruppe.

 AM TELEFON

WIE DU DEINEN GAST WAS GUTES AUF DIE OHREN GIBST

DAS KAPITEL IN 7 SEKUNDEN

* **Der freundliche Tonfall einer Stimme auf Band ist noch wichtiger als der Inhalt.**
* **Mit einer natürlichen, spontanen Ansprache erreicht man mehr als mit Floskeln.**
* **Falls kein Geld für einen professionellen Sprecher da ist: Kleine Fehler in Sprachaufnahmen wirken menschlich und sind verzeihlich. Behördendeutsch und hölzern Vorgetragenes schrecken komplett ab.**
* **Die Wortwahl soll den Charakter des Betriebs widerspiegeln.**
* **Die eigene natürliche Stimmlage ist viel tiefer, als die meisten denken. Je tiefer die Stimme, desto beruhigender, kompetenter und sympathischer kommt der Sprecher rüber (und auch die Sprecherin – bloß nicht piepsen oder schrill werden!).**

»Hotel zum Grünen Rheinufer, Rezeption, Sie sprechen mit Melanie Müller. Guten Tag, was kann ich für Sie tun?«

Kommt die endlich mal zu Potte? Das fragt sich so mancher Anrufer, wenn die um Service bemühte Mitarbeiterin an der Rezeption ihren Spruch aufsagt. Der nervt einfach nur. Weil es nämlich a) ein Spruch ist und weil er b) aufgesagt wird, also nicht von Herzen kommt. Und weil er c) viel zu lang ist. Macht euch Gedanken, bevor ihr Texte fabriziert, die nur zum Runterleiern gedacht sind. Schau dir genau an, wo ihr Text zum Hören braucht (siehe auch Mega-Checkliste).

HALLO UND TSCHÜS

Je nachdem, wofür dein Betrieb steht, gibt es verschiedene Varianten für Begrüßung und Verabschiedung am Telefon. Allen ist eines gemeinsam: Sie sind keine Floskeln. Such dir was aus:

Ein Hostel: Hi, du sprichst mit Anja. Was geht ab? – Alles klar. Tschüs, bis bald.

Ein Restaurantschiff: Moin, Moin, Restaurant zur Alten Elbe, Kapitän Schmidt. Was is'n los? – Die Besatzung freut sich auf Sie! Ahoi und bis morgen Abend.

Ein Café in der Altstadt: Konditorei Beuning, mein Name ist Olaf Keun. Wie kann ich helfen? – Besten Dank und einen schönen Tag!

Ein Hotel auf dem Land: Gasthof zum Adler, Melanie Braun, Grüß Gott! Was kann ich für Sie tun? – Auf Wiederhören und auf ein baldiges Wiedersehen!

Es gibt jede Menge weitere Beispiele, sehr wichtig sind jedoch Stimme und Tonlage. Interessanterweise ist der Inhalt oft gar nicht das Entscheidende, sondern der Tonfall. Wenn dein Mitarbeiter schlecht gelaunt ins Telefon labert, kannst du jede noch so schöne Formulierung sowieso vergessen. Hier heißt es: Mitarbeiter schulen, Gelerntes auffrischen und am besten ein Servicequalitätstraining durchlaufen, um den gesamten Ablauf eines Telefongesprächs qualitätsvoll zu gestalten.

MACH DAS WARTEN ZUM HÖRERLEBNIS

Dein Gast hängt in der Telefonschleife, und das solltest du ausnutzen. Statt der üblichen Dudelmusik oder der Ansage »Einen Moment bitte« lässt du deinen Hörer lieber etwas Spannenderes erleben.

Eine Konditorei mit Cafébetrieb nimmt häufig telefonische Bestellungen für Torten entgegen. Diesen Text bekommen die Anrufer in der Warteschleife zu hören, von einem professionellen Synchronsprecher eingesprochen:
»Linzer Torte, Himbeerschnitte, Frankfurter Kranz, Schwarzwälder Kirsch, Sacher, Käsekuchen, Eclairs, New York Cheesecake – sollen wir weitermachen? Unsere Konditoren arbeiten gerade an vielen wunderbaren Köstlichkeiten, und zwar für Sie! Gleich wird Ihr Anruf entgegengenommen. Und falls Sie noch mehr Inspiration für Ihre Entscheidung für Torten und Gebäck benötigen – bitteschön: Schokoladentorte, Rübli-Torte, Sandkuchen, Rumkugeln, Christstollen, Apfeltarte, Guglhupf, Zimtschnecken, Brioche, Haselnusstörtchen. Und noch mal von vorne: (Schleife setzt ein)

Mit solchen Texten unterhältst du deine Hörer und gibst ihnen gleichzeitig Informationen, die nicht als werbliches Gelaber rüberkommen.

Was sich auch immer wieder anbietet (warum macht das keiner?), sind kleine Geschichten, mit denen der Gast in der Warteschleife unterhalten wird. Kann er die Story nicht zu Ende hören, möchte aber wissen, wie es weitergeht, hast du sofort Gesprächsstoff, wenn der Anruf entgegengenommen wird.

Ein Gast hängt in der Warteschleife eines Hotels für Wasserwanderer. Er hört folgende Ansage:
»Moin, Moin. Bei uns ist gerade mächtig was los. Während Sie kurz warten, unterhalten wir Sie mit einer unserer Geschichten vom Seenland. Also, diese Geschichte hat sich etwa so zugetragen: Der Sohn vom Floß-Peter wollte seinem Vadder zeigen, was ne Harke ist, und hat in diesem Sommer ein eigenes Floß gebaut. Und zwar nicht etwa aus Holz, sondern aus Tetra-Packs. Neun Jahre ist der Knabe alt. Hat sich alles vorher genau ausgerechnet. Wie viele leere Milchtüten brauche ich, damit die mein Gewicht übern See tragen? Und wo krieg ich die ganzen Tetra-Packs her? Logisch, dass wir helfen wollten und aus unserer Küche ne Menge Milchtüten-Material beisteuerten. Vier Monate lang hat das ganze Dorf Tüten gesammelt, und dann hat der Kleine das Floß gebaut. Mit Bändern alles miteinander verzurrt. Und damit ist er rausgefahren, mit Badehose und nem Paddel. Und das ganze Dorf hat zugeguckt.

Na, was meinen Sie wohl, hat das gehalten? Wie weit ist er gekommen? Fragen Sie doch mal gleich unseren Kollegen, wenn Ihr Anruf entgegengenommen wird. Die nächste Geschichte gibt es im Spätsommer.«

Wenn du dir das anguckst, könnte die Ansage hinter jedem einzelnen Satz abbrechen und einen sehr neugierigen Hörer zurücklassen. Bei den Serien nennt man das »Cliffhanger« – das Aufhören in genau dem Moment, wo's spannend wird. Und schon hast du einen Anknüpfungspunkt fürs Gespräch. Lasst einen von euren Leuten die Story aufs Band sprechen. Einen, der gut erzählen kann, der das so erzählt, als hätte er's selbst erlebt. Kleine Stocker, Stolperer usw. sind überhaupt nicht schlimm, sondern kommen sympathisch rüber. Und Geschichten gibt es immer und überall – lies dir das **KAPITEL 27**, **STORYTELLING**, durch, wenn du nicht weiterweißt..

Das saarländische Hotel La Maison nutzt die Warteschleife am Telefon, um dem Anrufer einen Eindruck von seinem Haus zu vermitteln:
»Herzlich willkommen im La Maison Hotel in Saarlouis. Einen kurzen Augenblick bitte, wir sind gleich persönlich für Sie da. (kurze Pause) Die historische Villa mit modernem Anbau und eigener Parkanlage spiegelt außen wie innen Kultur und Lebensgefühl von Saarlouis wider. Zeitgemäß frankophil und reizvoll inszeniert. Besuchen Sie uns auf unserer Website lamaison-hotel.de und lassen Sie sich von der Ausstrahlung und Geschichte unseres Hauses inspirieren.«

ENTDECKE DEN BASS IN DIR

Die meisten Leute sprechen gar nicht in ihrer natürlichen Stimmlage, sondern etwas zu hoch. Das liegt daran, dass wir unter Anspannung schneller und flacher atmen, und damit wird auch die Stimme flacher. Vielleicht kennst du das noch von Prüfungssituationen: Man spricht plötzlich viel höher. Auch am Telefon oder wenn wir eine Ansage für einen Anrufbeantworter aufnehmen, haben wir oft eine etwas höhere Stimmlage. Das Gegenmittel ist ganz einfach: Tu so, als ob du am Telefon jemandem zuhören würdest und zwischendurch ein entspanntes »Hm, hm« abgibst. Dieses Hm entspricht deiner echten Tonlage, und wenn du nun in der entspannten Hm-Lage bleibst und stattdessen »eins, zwei« sagst, merkst du schon, dass du die beiden Zahlen mit tieferer Stimme sprichst als sonst. Behalte diese Stimmlage bei und nimm dich auf. Entweder mal kurz übers Smartphone oder direkt auf dem AB. Rede ein bisschen über dies und das, aber immer in der Hm-Stimmlage. Danach hörst du dich mal an – ganz schön gut, oder? Eine tiefere Stimmlage kommt sympathisch und kompetent rüber. Probiere es aus, zum Beispiel, wenn du vor mehreren Leuten sprichst. Der Effekt ist verblüffend. Du wirkst besser auf deine Zuhörer, und gleichzeitig fühlst du dich sicherer.

JETZT MACH!

1. Wo braucht ihr Texte zum Hören?
   - Begrüßung am Telefon
   - Verabschiedung am Telefon
   - Warteschleife am Telefon
   - Auswahlmenü am Telefon
2. Was ist der Stil eures Hauses? Locker, gesetzt, förmlich, luxuriös, hip, studentisch usw.? Entscheide, ob geduzt oder gesiezt wird. Wähle die richtige Tonart. Schau eventuell noch mal in **KAPITEL 6**, Tonalität, nach.
3. Finger weg von Standard-Floskeln und Dudel-Musik. Lösch das lieber gleich. Der Gast kommt mit Stille besser zurecht als mit aufdringlicher Musik.
4. Vermeide werbliches Gequatsche, erzähl lieber eine Geschichte.
5. Wenn du einen Text auf Band sprichst, mach dich locker. Du hast immer mehrere Versuche. Sprich entspannt und etwas tiefer, als du es normalerweise tun würdest. Lass jemanden gegenhören, der den Text vorher nicht gesehen oder gehört hat.

ARRANGEMENTS UND VERANSTALTUNGEN

LASS DIR WAS NEUES EINFALLEN

DAS KAPITEL IN 7 SEKUNDEN

* Paketangebote / Arrangements sind für den Gast (und für den Betrieb) lukrativ.
* Es langweilt ungemein, wenn immer nur von den gleichen Arrangements die Rede ist: Wohlfühl-Weekend, Hochzeitsarrangement, Wellness-Wochenende, Yoga-Tage usw.
* Events locken zusätzliche Kundschaft. Wenn die Namen verheißungsvoll und die Veranstaltungen gut beschrieben sind, ist der Zulauf größer.
* Manche Arrangements und Veranstaltungen bedürfen einer sorgfältigen Erklärung. Je genauer der Gast weiß, was er für sein Geld bekommt, desto eher ist er bereit, sich auf die entsprechenden Angebote einzulassen.
* Veranstaltungsreihen benötigen einen hohen Wiedererkennungswert, damit sich ein treues Stammgast-Gefolge bilden kann. Namen und Erscheinungsbild sollten für jede Veranstaltung identisch sein oder zumindest nur leicht variiert werden.

Bloß nicht wieder dasselbe! Kuschelwochenende zu zweit, Wellness-Weekend, Familienauszeit – alles schon gehört! Da geht viel mehr. Peppt eure Arrangements nicht nur inhaltlich auf, sondern zeigt mit neuen Namen, dass sich eure Gäste auf etwas Besonderes freuen können.

Ein im tiefsten Harz gelegenes Wellness-Hotel kreiert eine Reihe neuer Arrangements. Zielgruppe: Frauen. Die Bezeichnungen werden bekannten Serien entlehnt:
• House of Harz (Auszeit mit Coaching-Angebot)
• Modern Family (Familienwochenende)
• Harzer Girl (3 Tage mit Freundinnen)
• Harz Anatomy (Gesundheitswoche)
• Alarm für Harza 11 (3 Tage Fahrtraining mit Geländewagen)

Schau dir davon was ab. Was könntest du auf deine Region beziehen? Oder auf eine ganz spezielle Zielgruppe? Kannst du etwas Besonderes zum Thema Saison texten, das über das Übliche »Weihnachtsspecial« hinausgeht? Hier noch ein paar Inspirationen:

Eine Familien-Ferienpension im Münsterland lässt sich jeden Sommer neue Arrangement-Bezeichnungen einfallen. Zielgruppe: Familien. Die Namen sind Kinderbuch-Klassikern entlehnt:
• Pippi-Langstrumpf-Woche: Kinder dürfen einen alten Schuppen und einen ausrangierten Trecker bunt anmalen, während sich die Eltern auf der Wiese sonnen. Verpflegung: Den Nachtisch bestimmen die Kinder jeden Tag selbst.

- Harry-Potter-Weekend: Ein Zauberkünstler bringt dem Nachwuchs Tricks bei, während die Eltern wandern gehen. Am Ende gibt es eine Vorstellung von den Kindern für die Eltern.
- Mary-Poppins-Zeit: Mehrere Animateurinnen kümmern sich liebevoll um die Kleinen, während die Größeren und die Eltern ihren Lieblingsbeschäftigungen nachgehen.
- Nils-Holgersson-Wochenende: In der nahe gelegenen Vogel-Beobachtungsstation finden frühmorgens und abends vogelkundliche Kurse statt, die für jedes Alter geeignet sind.

Auch die Seezeitlodge Bostalsee im Saarland macht es erfrischend anders:
- Statt Yoga-Wochenende usw.: Seezeitrituale
- Statt Veranstaltungen: Seezeitkalender
- Statt Sportevents: Aktivitäten

Der Text: »Nicht nur die Laune darf in der Seezeitlodge Purzelbäume schlagen. Auch der Körper! Bewegung gibt es in großer Vielfalt und in unterschiedlichster Ausprägung: stark und weich, kräftig und sanft, fließend und gehalten. Ab Oktober startet unser wechselndes Wochenprogramm und steckt voller Angebote. Von Anfänger bis Könner. Sie werden fachkundig geleitet und begleitet.«

www.seezeitlodge-bostalsee.de

Das Hotel La Maison versieht einzelne Arrangements mit Namen und einem kurzen Einleitungstext, der den Gast auf das Haus neugierig macht.

Genuss-Wochenende »Pastis«
LA MAISON hotel bedeutet Genuss in großer Vielfalt!
Gestatten? LA MAISON hotel. Jung, aber kein bisschen schüchtern. Chic und stilvoll, aber immer entspannt. Regional verbunden, aber weltoffen.
Eine historische Villa mit modernem Anbau. Ein lebendiges Haus, das Tradition mit Moderne verbindet. Und eine feine Adresse für Genussmenschen! Charakter & Charme in Saarlouis: Herzlich willkommen!
www.lamaison-hotel.de

Der kleine Familienbetrieb »Selbstgemacht« im Vogtland nutzt die Chance und wandelt auf abgewandelten sprachlichen Pfaden.

Statt »Veranstaltungen für Firmen« heißt es: **Flora, Fauna, Firma**
Teambuilding mal anders
Um ein starkes Team aufzubauen, muss man nicht unbedingt den Grand Canyon runterrauschen. Ein Spaziergang mit unseren Lamas kann Wunder bewirken. Wir bieten geführte Touren und Events für Gruppen und Einzelpersonen.

Statt »Tagungen und Feiern« heißt es: **Fröhlich feiern**
Feste, Jubiläen, Weihnachtsfeiern, Kindergeburtstage
Sie werden hingebungsvoll bewirtet und phantasievoll bekocht. Vieles aus unserer regionalen Küche kommt aus eigenem Anbau. Kann passieren, dass die Köchin kurz weg ist zum Kräuter pflücken.
www.selbst-gemacht.eu

Ein familiengeführtes Hotel in der Sächsischen Schweiz hat sich Namen für Arrangements einfallen lassen, die Unterscheidbarkeit gewährleisten. Gut so! Auf der Website
werden die Arrangements mit einem sehr kurzen Text angeteasert – vorbildlich. Die
Neugier ist geweckt, der Gast will mehr erfahren.

- **Frühlingserwachen:** Entdecken Sie die traumhaft schöne Natur der Sächsischen
  Schweiz.
- **Winterschnuppertage**: Schöpfen Sie Kraft für kühle Wintertage am lodernden
  Kaminfeuer.
- **Freundinnen-Tage:** Gemeinsam eine Auszeit vom Alltag nehmen, genießen,
  träumen, entspannen.
- **Zauber der Liebe**: Glück ist das einzige, das sich verdoppelt, wenn man es teilt.
- **Für Radfahrer**: Träumen braucht man nicht von zauberhaften Radtouren – sie
  starten bei uns.
- **Apfelwochen**: Vergolden Sie sich Ihre Herbstzeit mit einem Aufenthalt direkt an
  der Elbe!

www.elbhotel-bad-schandau.de/arrangements.html

VERANSTALTUNGEN PEPPIG ANKÜNDIGEN

Mit dem alltäglichen Angebot lässt sich oft nicht genug im Betrieb erwirtschaften.
Events erweitern die Palette und locken zusätzliche Zielgruppen ins Haus. Diese Veranstaltungen müssen gut vermarktet werden – und zwar durch knusprige Texte.

Ein Gastronom aus dem Nördlinger Ries hat die Idee zu einem Event der besonderen Art:
Einen ganzen Abend und eine Nacht lang sollen Gäste an verschiedenen Genussstationen nach Herzenslust essen und trinken können. Der Eintrittspreis, der das
Schlemmen an jeder Station möglich macht, bildet die kaufmännische Grundlage
zu dem Event, das der Gastronom mit mehreren Partnern durchführt. Heiße Beats
bringen das Volk in Stimmung – daher auch der Name für das Event: Eat to the Beat.
Das Problem: Die potenziellen Gäste verstehen anfangs nicht, wie das Event mit den
einzelnen Genussstationen funktioniert. Es scheint zu kompliziert, dies zu erklären
und die einzigartige Atmosphäre der geplanten Gourmet-Nacht rüberzubringen. Die
Lösung ist ein erzählerischer Ansatz (Storytelling, vgl. auch **KAPITEL 27**). Dadurch
entsteht bei den Gästen ein Kopfkino, das zahlreiche Kunden dazu bewegt, Eintritts-
karten für Eat to the Beat zu erwerben. So sieht der Storytelling-Ansatz aus:

- **Stell dir vor,** alles ist dunkel im Ries, nur eine kleine Anhöhe leuchtet, Stimmen-
  gewirr, Lachen, Bässe wummern durch den Nachthimmel. Wer dort sein darf, gehört
  zum Gästekreis der spektakulären Gourmet-Party EAT to the BEAT.
- **Du eroberst** die Marienhöhe in Nördlingen. Die Musik wird lauter, die Beats lassen
  deine Schritte schneller werden. Du kommst auf den Hof von Meyers Keller, alles
  ist hell und bunt, überall Leute, man drückt dir ein Glas Winzersekt von Buhl in die
  Hand und zeigt dir den Stand mit Gillardeau-Austern. Jetzt bist du einer von uns.
- **Du triffst überall** gute Leute, Bekannte, Freunde. Du gehst durchs Wirtshaus, durchs
  Restaurant – Aumaerk-Bio-Fleisch, Risotto mit Parmeggiano Reggiano, Weine von

Salway – du tauchst ab in den Keller – Culatello, Reisetbauer-Schnäpse – schraubst dich wieder hoch in die Lounge – Winemaker-Editionen, Desserts von Veronique Witzigmann. Next?

· **Du machst einen Schlenker** durch die Küche. Zum Beat brutzelt das American Prime Beef im Green Egg. Sandra Appl schenkt dir Craft-Beer ein. Du überlegst: Warum bin ich damals eigentlich nicht Koch geworden?

Und so geht das noch ein paar Absätze weiter. Die Lust ist geweckt, der Gast mehr als neugierig – und er weiß viel besser Bescheid darüber, was ihn erwartet.

www.meyerskeller.de

Weil es so schön ist, noch ein Beispiel für gelungene Beschreibungen von Events:

Das **Berliner Hotel Savigny**, das zu den schicken SiR-Hotels gehört, veranstaltet regelmäßig Lesungen. Sie schicken eine kurze Nachricht herum und schmücken diese mit einem coolen Foto, das zu einem GIF [Bildformat für kurze Animationen] animiert ist.

www.sirhotels.com/de/savigny

Vom Kulinarischen Kalender als einzelnes, handliches Printprodukt bis hin zu feschen Ankündigungen für ein Brunch oder ein Special zum Muttertag – ein bisschen Fantasie bitte, und schon lassen sich solche Veranstaltungen viel besser vermarkten.

JETZT MACH!

1. Schnapp dir deine »Geniale-Texte-Kladde« und schlag eine neue Doppelseite auf. Auf der linken Seite notierst du alle Arrangements und/oder Veranstaltungen, die dein Haus für Gäste bereithält. Lass ein bisschen Platz zwischen den einzelnen Punkten.

2. Beschreibe in Stichpunkten, nur ganz kurz, was die Gäste bei diesem Arrangement/ dieser Veranstaltung erwartet. Was bekommen die für ihr Geld? (Das ist der berühmte Kunden-Benefit.)

3. Jetzt wird's ernst: Gib den Dingern neue Namen. Schreib auf die rechte Seite alles, was dir einfällt. Bezieh dich auf deine Region, auf die Jahreszeiten, auf Comicfiguren, auf Sportler, auf Künstler, auf Tiere – was auch immer. Aber pass auf, dass es nicht zu bunt und wild wird.

4. Schlaf eine Nacht drüber.

5. Immer noch gut? Kannst du etwas verbessern? – Jut. Jetzt machst du eine Kurzbeschreibung in einem Satz, der das Angebot nur anteasert. Vergleiche das Beispiel vom Elbhotel weiter oben.

6. Gib die neuen Bezeichnungen und den kurzen Teaser-Text jemandem zu lesen, der das garantiert noch nicht kennt. Wie findet der das? Mach Änderungen an deinen Texten, wenn irgendetwas unverständlich war.

7. Lass das Ganze von einem Grafik-Designer anständig layouten.

8. Teste das Ganze im schmucken Designer-Gewand noch ein paar Mal an wohlwollenden Personen und verarbeite das wertvolle Feedback. So. Fertig ist die Laube.

Arrangements & Events

15 PRODUKTNAMEN UND PRODUKTBESCHREIBUNGEN

WIE DU MIT GUTEN TEXTEN MEHR VERKAUFST

DAS KAPITEL IN 7 SEKUNDEN

* Ein griffiger und starker Name verankert jedes Produkt besser in den Köpfen der Käufer.
* Schon im Namen selbst können Aussagen über die Eigenschaften des Produktes untergebracht werden.
* Ein prägnanter Produktname plus kurze Beschreibung machen den Käufer neugierig und erzählen ihm, was er von dem Produkt erwarten kann. Der Vorteil muss für den Käufer sofort erkennbar sein.
* Viele Kollegen machen vor, wie unterhaltsam Produktbeschreibungen sein können.
* Keine Angst vor notwendigen Hinweisen auf Inhaltsstoffe für Allergiker. Diese lassen sich in eine kleine Philosophiestunde über den Betrieb verwandeln.

Aussagekräftige Produktnamen sind ein wichtiger Marketing- und Vertriebsfaktor. Kennst du die vielen Öko-Yogi-Teesorten, die seit Längerem die Supermärkte überfluten? Sie sind u. a. deswegen so erfolgreich, weil sie Namen haben, die Assoziationen freisetzen. Gute-Laune-Tee, Schietwetter-Tee, Frauenzauber, Wohlfühl-Tee, Grüne Energie und so weiter. Die Käuferin meint sofort zu wissen, was der Tee bei ihr bewirken wird. Das ist ein einfacher Grundsatz, der dir hilft, deine Produkte wirksam zu betexten.

Die Manufaktur Senf Pauli denkt sich für alle Senfsorten besondere Namen aus. Die Kurzbeschreibungen passen gut und lassen keine Frage offen.

• **Mutprobe:** Senf mit Habanero-Chili

Lebe wild und gefährlich, und dieser Senf hilft Dir dabei! Reine schwarze Senfsaat sorgt für Nasenschärfe, das 280.000 Scoville scharfe Habanero-Chili für den Rest. Passt zu jedem Essen, aber sei vorsichtig.

HERSTELLUNG: Die wertvollen Inhalte des Senfes bleiben drin, weil wir auf traditionelle Art schonend kalt vermahlen und nicht entölen. Frei von Schietkram. Mit hochwertigen Zutaten, nach Möglichkeit aus der Region oder aus Deutschland.

www.senfpauli.de

Hier hast du es: die drei Säulen von gutem Content. Nämlich Information (280.000 Scoville scharfes Habanero-Chili), Weiterbildung (weil wir auf traditionelle Art schonend kalt vermahlen und nicht entölen) und Unterhaltung (Lebe wild und gefährlich ...). Funktioniert immer. Hier noch mehr davon:

• **60/40 Halbe Kraft**: Mittelscharfer Senf
Aromatischer ehrlicher Senf mit feiner Essignote. Für alle, die es nicht so scharf mögen. Der Anteil von milder weißer zu scharfer schwarzer Senfsaat beträgt 60:40. Vielfältig einsetzbar als Brotaufstrich, zu Fleisch, Fischgerichten, in Soßen.
• **Mord im Orient**: Senf mit Weißwein-Feigen & Gewürzen
Chutney oder Senf? Warum sollte er sich entscheiden? Dieser Transgender-Senf mit in Weißwein eingelegten Feigen und ausgewählten Gewürzen aus 1001 Nacht ist süß und scharf. Toll zu Käse(brot), dunklem Fleisch, Fondue, Käsegebäck.
• **Bienen un Blomen**: Senf mit Honig & Blütenblättern
Der Senf schnackt platt: Das liegt an den handgezupften Blüten und dem aromatischen nachhaltig geimkerten Honig aus Norddeutschland! Mild süß mit feiner Kornblumennote, etwas Außergewöhnliches. Fein zu Salatsoße, Fleisch und Feta. (Und pur als Nachtisch, wie unser Nachbar Detlef sagt.)
www.senfpauli.de

HEIMATGEFÜHLE – ZURÜCK ZUR REGION

Wenn du regionale Besonderheiten oder lokale Spezialitäten anpreisen kannst, dann immer raus mit der Sprache. Gerne auch im Dialekt, das kommt sehr charmant rüber, wie du schon bei Senf Pauli gesehen hast.

Ein Landgasthof in Norddeutschland betreibt neben dem Hotelbetrieb einen kleinen Laden. Hier werden auf dem Hof produzierte Lebensmittel angeboten:
Wurst, Aufstriche, Schnaps, Likör, Brot, Hagebuttenwein usw. Die Bezeichnungen sind konsequent auf die lokale Tradition des Betriebs ausgerichtet und schöpfen aus dem Plattdeutschen: Immengold (Honig) | Ganzrundstück (rundes Sauerteigbrot) | Kinnerfreude (Marmelade mit Schokostückchen) | Räucherwuss (geräucherte Mettwurst)

Die Produktnamen regen die Fantasie des Gastes an, und er wird die Produkte noch lange mit seinem Aufenthalt bei den Ostfriesen verbinden. Vielleicht verschenkt er auch das ein oder andere Produkt und streut so die Story von den netten Norddeutschen noch weiter.

GÄHN? ÜBER INHALTSSTOFFE SCHREIBEN

Es muss sein, aber keiner textet das gerne und noch weniger gern wird es gelesen, es sei denn, man ist ein von Allergien und Unverträglichkeiten gebeutelter Mensch. Es geht tatsächlich auch anders. Bitte unbedingt davon abgucken!

Die verrückten Typen von Mellow Monkey haben nur Marshmallows im Sinn. Es drängt sich die Frage auf: Und was ist drin in dem süßen Zeug? Dieses Rätsel lösen die Kollegen mit dem innovativen Konzept elegant in ihrem Text, der u.a. auf der Website zu finden ist:
ÜBER UNSERE ROHSTOFFE: Manchmal kann man Rohstoffe nicht in ausreichender Menge in Bioqualität bekommen, oder es gibt sie gar nicht erst in Bioqualität. Ein gutes Beispiel dafür ist die Gelatine, welche wir in unseren MELLOW MONKEYS verwenden. In sensorischen Tests haben wir Rindergelatine mit Schweinegelatine verglichen. Die Rindergelatine hat eindeutig das Rennen gewonnen. Leider gibt es Rindergelatine nicht in Bioqualität, sondern lediglich Schweinegelatine. In einem solchen Fall entscheiden wir uns immer für die Sensorik, also in diesem Fall für die Gelatine aus Rind. Unsere MELLOW MONKEYS sollen sensationell schmecken, dafür müssen wir keinen Heiligenschein bekommen.«
www.mellowmonkey.de/über-uns

Das ist offen argumentiert, hier wird klare Position bezogen und es ist überhaupt nicht zum Gähnen. Das kannst du im Grunde mit allen Inhaltsstoffen genauso machen. Dein Gast ist mündig und immer klüger als du denkst. Veräppel ihn nicht, sprich die Dinge offen an, das kommt besser rüber.

TRIBECA ICE CREAM – BERLIN'S ERSTES SUPERFOOD EIS.
Tribeca Ice Cream halten auch nicht hinterm Berg mit ihren Inhaltsstoffen. Müssen sie auch nicht. Sie liefern dir gleich die Argumente, warum sie das eine nutzen und das andere nicht. Der Konsument fühlt sich ernst genommen. Gut so.
Superfood? Wir wissen, was ihr jetzt denkt! Dabei ist es ganz simpel; alles was gut für uns und unseren Körper ist, kommt rein. Auf künstliche Aromen und Zusatzstoffe hingegen verzichten wir. Heißt: Für unsere vielen verschiedenen Sorten nutzen wir ausschließlich Bio-Zutaten, die nicht nur schmecken und besonders rein im Geschmack sind, sondern sich auch noch positiv auf unseren Körper auswirken. Auch die Milch überlassen wir lieber den Kühen und die Sojabohne lieber dem Regenwald. Unsere Basis sind selbst gemachte Nussmilch, kaltgepresstes Kokosöl und Kakaobutter. Für unsere Sorbets kommt uns nur Bio-Obst in den Mixer. Und statt

herkömmlich raffiniertem Zucker setzen wir auf Kokosblütenzucker, Reissirup, Ahornsirup und Rohrohrzucker. Denn süß soll es natürlich sein, klar!

www.tribecaicecream.com

Es ist demnach möglich, über Inhaltsstoffe anders zu schreiben als auf einem Beipackzettel für Nasenspray. Es geht immer auch um die Herkunft der Zutaten, die Überzeugung der Hersteller und den Ernährungswert – ganz unabhängig davon, ob jemand aus gesundheitlichen Gründen eine Aufklärung über die Inhaltsstoffe benötigt.

JETZT MACH!

1. Überleg dir bei deinen Produkten, was dein Kunde davon hat. Schreib diesen Vorteil hinter den bestehenden Produktnamen.
2. Falls du deine Produkte umbenennen möchtest, versuch die Namen nach einem einfachen Grundprinzip zu kreieren.
3. Grundprinzip »Region«: Suche Bezeichnungen aus, die die Region, den Ort, die Landschaft widerspiegeln. Beispiel: Amrumer Schafskäse, Bratwurst vom Havelländer Apfelschwein, Fliederbeermarmelade aus Rantum.
4. Grundprinzip »Benefit«: Benenne schon im Namen, was der Käufer vom Produkt hat. Beispiel: Vitaminschub (Obstsaft aus verschiedenen alten Obstsorten), Kindheitstraum (Milchreis mit Zimt und Zucker), Heldenklecks (extrem scharfer Senf).
5. Grundprinzip »Dafür stehe ich mit meinem Namen«: Lillis Gewürzmischung. Dosensuppe à la Lilli. Lillis Mandel-Popcorn.
6. Denke bei den Kurzbeschreibungen für deine Produkte nicht ans Aufzählen von Eigenschaften, sondern lieber daran, was das mit deinem Kunden macht. Die Produktdetails und Eigenschaften kannst du immer noch weiter unten in einem extra Fakten-Kasten oder Fakten-Check unterbringen. Beispiel: Maschdorfer Rapshonig. Geballte Energie und Fitnessreserve für den nächsten Winter. Schön cremig und mit viel Liebe von fleißigen Bienen rund um den Maschdorfer See gesammelt.
7. Sieh dir an, was für Hinweise für Allergiker unbedingt notwendig sind. Die textest du dann so, dass gleichzeitig ein Hinweis auf die Haltung deines Betriebs gegenüber den Produkten enthalten ist. Beispiel: Unser junger Bergkäse enthält Laktose, denn er wurde aus Heumilch hergestellt, die von zertifizierten Milchbauern aus dem Allgäu geliefert wird. Eine kleine Bergkäserei begleitet die Reifung des Käses vier Monate lang. Wir sagen: In der Ruhe liegt der Geschmack.

Produkte beschreiben

DER DIGITALE GAST

Die Digitalisierung hat dein Konsumverhalten verändert. Das ist bei deinen Gästen nicht anders. WLAN ist genauso wichtig wie fließendes Wasser. Und nehmen wir zum Beispiel die Rezeption. Zu analogen Zeiten gab es eine klare Hierarchie. Der Gast ging zum Desk und wartete darauf, dass der Rezeptionist ihn eincheckte, ihn nach seinen Daten fragte usw. Der Desk wirkte wie eine Mauer. Wartezeiten nahm der Gast meist ohne Murren hin.

Heute ist die Hierarchie umgekehrt. Der Gast erwartet vom Betrieb, dass ihm durch den Check-in keine Umstände entstehen. Der Gast bestimmt zunehmend über die Konversation, das Gespräch, seine Häufigkeit und Intensität. Nicht er geht zur Rezeption, sondern die Rezeption soll zu ihm kommen. In Form eines mobilen Check-ins, z. B. mit einem Tablet, mit dem der Mitarbeiter an den Gast in der Lobby herantritt. (Chance für dich: mehr Kontakt mit dem Gast!) Oder in Form eines selbstständigen Check-ins des Gastes auf seinem Smartphone. Wartezeiten in der Schlange vor dem Tresen? Pff! Nicht mehr mit dem modernen Gast, dem Digital Native, dem Smartphone-User.

»Besonders gut wägen wir ab, wie viel Zeit wir für etwas einsetzen. Wenn etwas nicht bequem funktioniert, sind wir weg.« So Philipp Riederle, Jahrgang 1994, einer der führenden digitalen Köpfe Deutschlands, in einem Interview.
(Quelle: AHGZ, Nr. 12, 25.3.17)

Recht hat er! Langwierige Suchen, gepaart mit öden, völlig austauschbaren Texten, sind für heutige Gäste ein rotes Tuch. Ein Klick, und schon ist man wieder weg von zeitraubenden Langeweilern. Sieh dies als Chance, nicht als Bedrohung. Buchungsprozesse müssen einfach sein, genauso wie die Bestellung von Extras und die digitale Kommunikation im Vorfeld eines Aufenthalts. Zeit für gute Texte!

DIE WEBSITE – BÜHNE DEINES BETRIEBES
STIMMIGE INFOS UND TOLLE BILDER

DAS KAPITEL IN 7 SEKUNDEN

* Gute Websites sind vor allem eins: übersichtlich. Eine mit Informationen überfrachtete Website mit undurchsichtiger Menüführung schreckt ab.
* Einige wenige Elemente reichen aus, um eine vernünftige Website zu bespielen.
* Die Gestaltung ist sehr wichtig, da Menschen auf visuelle Angebote am stärksten reagieren.
* Weil Websites zunehmend auf mobilen Endgeräten aufgerufen werden, ist ein responsives Design unerlässlich. Damit passt sich die Website an jedes Display-Format automatisch an.
* Jede Website, die eine Dienstleistung oder ein Produkt verkaufen möchte, braucht einen gut sichtbaren Punkt, an dem der Besucher eine Handlung (buchen, bestellen, anfragen usw.) ausführen kann.
* Es ist wichtig, gute digitale Querverbindungen zu anderen Kanälen zu schaffen. Das kann ein Facebook-Symbol auf der Startseite sein oder ein direkter Link zu einem Buchungsportal oder zu einem Blogartikel.

Dies ist keine Anleitung zum Bauen einer Homepage. Das überlass mal lieber den Designern und Programmierern. Hier findest du Tipps und Anregungen, was eine gute Website ausmacht und was du mit Texten auf deiner Website bewirken kannst. Vor allen Dingen sollst du das machen, was der Klassenbeste in der Grundschule an dir hasste: abgucken.

WELCHE INHALTE, WELCHE FORM?

Es gibt nicht die eine Form, eine Website zu bauen, schon gar nicht für Betriebe aus Hotellerie und Gastronomie. Es gibt allerdings Elemente, die unbedingt sein müssen:
1. Startseite mit den wichtigsten Inhalten
2. Klare Menüführung
3. Möglichkeit, in Kontakt zu treten
4. Eventuell Online-Buchung/Reservierung
5. Wiedererkennbares Corporate Design/Logo
6. Bilder, die einen ersten Eindruck vom Betrieb vermitteln
7. Anfahrt/Parkmöglichkeiten, wenn nötig
8. Impressum

Der Online-Marketing-Spezialist Andre Alpar empfiehlt Hoteliers, genau hinzuhören, was sich an der Rezeption / beim Concierge abspielt. Die Fragen, die dort besonders häufig gestellt werden, sollten auf die Website. Und zwar nicht versteckt auf irgendeiner Unterseite, sondern ansprechend präsentiert auf der Startseite.

Weitere Elemente für deine Website, die jedoch kein Muss sind, wenngleich sie eine schöne Ergänzung darstellen:

- Buchungskalender
- Icons mit Verlinkung zu Social Media
- Videos
- Gästestimmen / andere Zitate
- Blog
- Chat-Angebot
- Echtzeit-Infos / Call-to-Action

WAS GUTE INHALTE IM INTERNET AUSMACHT

Die drei Säulen von relevantem Web-Content sind Information, Weiterbildung und Unterhaltung. Wenn du dieses Grundprinzip befolgst, ist es für jeden User eine Freude, auf deinen digitalen Bühnen zu verweilen. Was damit gemeint ist?

→ **Information:** Biete dem Besucher deiner Website nützliche Informationen. Was kann er bei dir kaufen? Welche Dienstleistung bietest du an? Wo liegt der Laden und wie kommt er hin? Öffnungszeiten? Spezialisierungen? – Na, und so weiter.

→ **Weiterbildung:** Zugegeben, dieses Wort kommt etwas sperrig daher. Gemeint ist damit, dass du dem Besucher deiner Seite ein kleines Aha-Erlebnis bietest. Er fühlt sich etwas schlauer als vorher. Erzähle jetzt nicht, dass ihr diese und jene Auszeichnung gewonnen habt. Das wäre kein echter Benefit/Kundenvorteil für deinen Gast. Gib ihm ein paar Tipps oder erzähle etwas von der Umgebung. Wo ist die beste Angelstelle? Wie stellt man es an, im letzten Moment noch Musical-Karten zu ergattern? Wie neutralisiert man die Schärfe, wenn man versehentlich auf eine Chilischote gebissen hat? – Du verstehst.

→ **Unterhaltung:** Bespiele die Bühne, unterhalte und belustige deinen Gast, er hat seine kleine Auszeit verdient. Das funktioniert zum Beispiel super mit kurzen Videos, denn die sind nicht anstrengend. Ihr hattet eine Fußballmannschaft im Haus? Hoffentlich hat das jemand mit dem Smartphone gefilmt. Die Küchenchefin hat dem nichtsahnenden Azubi Buddhas Hand [Zitronatzitrone mit fingerähnlichen Fruchtsegmenten] in den Nacken gelegt? Über seinen Gesichtsausdruck freut sich jeder Besucher der Seite, denn in jedem von uns steckt die Bereitschaft zur Schadenfreude. Ein zweijähriger Gast hat sich das göttliche Mousse au Chocolat übers ganze Gesicht verschmiert? Vielleicht erlauben die Eltern es, dass du ein Foto machst.

Je nachdem, was für ein Medium du bespielst, überwiegt mal die Information (z. B. Website), mal die Weiterbildung (z. B. Blog) und mal die Unterhaltung (z. B. Facebook). Von allem etwas dabei zu haben, ist das Geheimnis. Lass nicht eine der drei Säulen weg; dein Content-Gebäude wackelt sonst schnell.

EINFACH IST GUT

Früher war es gang und gäbe, ein visuelles Feuerwerk auf der Website abzufackeln. Heute will das niemand mehr, denn wir haben schon alles gesehen und sind von Reizen und Informationen so übersättigt, dass wir am liebsten nur noch unsere Ruhe haben wollen. Unsere Augen sind müde, und wir besorgen uns die Infos, die wir brauchen, schon selbst. Also spricht der Leser: Bitte, mach es mir einfach.

Ganz übersichtlich und zugleich sprachlich überraschend klar ist der Internetauftritt des Biohotels SCHWANEN im österreichischen Bizau. Unter dem Menüpunkt »Anfrage« findet der Gast zwei knallgrüne Buttons: Tisch heißt der eine, Bett der andere. Und der schlichte Text, der auch auf der Startseite präsent ist:

• TISCH: Das Esszimmer ist die Mitte im **Schwanen**. Hier isst man, unterhält sich, frühstückt. Und wir arbeiten hier, laden ein und sind Gastgeber.
• BETT Was die Zimmer wirklich gut können – sie holen Euch runter, beruhigen, riechen fantastisch nach Holz und fühlen sich gut an.

Der junge Gastgeber Emanuel Moosbrugger erzählt auf der Website u. a. von seinem langen Aufenthalt in den Vereinigten Staaten und seiner Sehnsucht nach New York – das ist der sprachliche Freifahrschein dafür, auf der Internetseite ein paar frische Wörter aus dem Englischen einzustreuen. Denn dieser Mix aus Deutsch und Englisch ist authentisch, das nimmst du ihm einfach ab. Bei anderen Betrieben, womöglich noch wie das Biohotel Schwanen im tiefsten Bregenzer Wald gelegen, würde dir jedes easy hingeworfene englische Wort aufdringlich und daneben vorkommen. Beim Schwanen heißt der Menüpunkt »Umgebung« einfach »Surrounding«, und jeder weiß, was gemeint ist. Und na klar gibt es die ganze Website auch auf Englisch. Vorbildlich ist auch die Einbindung der Menükarte und Weinkarte auf der Website. Der Besucher der Seite findet sich blitzschnell zurecht. Das Thema Storytelling hat der junge, vielgereiste Kerl auch drauf: Munter erzählt er von seinen Vorfahren, und das Tolle: Du liest das bis zum Schluss, weil der Ton so locker und unaufgeregt ist.

»Reden wir lieber über die Bregenzerwälder Käsgrafen, von denen wir abstammen. Die Käsgrafen waren die Brüder Moosbrugger – Gallus, Josef Ambros und Leopold. Sie mischten im 19. Jahrhundert den Bregenzerwald so richtig auf. Von Schnepfau aus handelten sie in der gesamten österreich-ungarischen Monarchie mit Käse. Auf ihren Rückfuhren brachten die Käsehändler Lebensmittel, Stoffe, Gewürze und italienischen Wein für den SCHWANEN mit. Das Imperium reichte bis nach Mailand, wo die Käsgrafen einen Käseimport und eine Fabrik betrieben. Man hatte sogar eine Loge in der Mailänder Scala.«
www.biohotel-schwanen.com

Wie sehr man das Prinzip der Klarheit und Vereinfachung herunterbrechen kann, siehst du auf der puristischen Website der **Embury Bar** in Frankfurt.
www.embury.bar

EIN ZIMMER IST NICHT EINFACH NUR EIN ZIMMER

Du weißt genau, wie eure Zimmer aussehen und was man von ihnen erwarten kann – und was nicht. Der Erstbesucher deiner Website weiß es nicht. Er muss sich auf die Bilder verlassen, die oft geschönt sind. Und die Texte? Kaum zu fassen, was da zusammengetextet wird: Ansprechende Räume, gemütlich eingerichtet, Dusche, WC, WLAN. Großes Bett. Das war's schon. Ehrlich: Lasst den Text lieber gleich weg und listet nur die Features auf, denn unter »ansprechend« und »gemütlich« kann sich niemand was Konkretes vorstellen.

Es geht auch anders: Du selbst weißt doch, wofür sich die Zimmer eignen und wofür ein anderer Raum vielleicht besser wäre. Spuck's aus und schreib es auf deine Website. So wie das **Max Brown Hotel** in Berlin das macht:

• Zwei Leute finden hier locker Platz, es ist weder zu viel noch zu wenig. Wenn du dich selbst als Outdoor-Liebhaber bezeichnen würdest, buche dieses gemütliche Zimmer und genieße den einzigartigen urban Vibe, den Berlin zu bieten hat. (Zimmerkategorie Small)
• Das Medium-Zimmer verkörpert den urbanen Lifestyle. Mit seiner Liebe für kunstvolle Details und abgefahrene Muster unterscheidet sich dieses Zimmer von allen anderen. Der Mix aus Industrial und klassischer Ausstattung, abgestimmt mit sanften Farbtönen, gibt diesem Zimmer eine gesunde Portion Downton Funk. (Zimmerkategorie Medium)
• Unsere großen Zimmer sind besonders weitläufig. Doch Max Brown liebt Menschen und steht für: »Je mehr, desto besser.« Deswegen haben wir ein zusätzliches Bettsofa ins Zimmer gestellt, sodass ihr locker zu Dritt reinpasst. (Zimmerkategorie Large)
Hier muss sich der Gast kein Gesülze über modernes Design und gemütliche Einrichtung anhören. Nachmachen!

www.maxbrownhotels.com/kudamm

CALL-TO-ACTION: VERSTÄRKER GEKONNT EINSETZEN

Insbesondere für Hotels sind Direktbuchungen interessant. Um den potenziellen Gast zum Buchen zu bewegen, sind einige »Call-to-action« [CTA, wörtlich übersetzt: Ruf nach Aktion] sinnvoll. Mit dem CTA soll der Gast animiert werden, einem Impuls zu folgen und auf den Buchungsbutton zu klicken. Dafür musst du erst einmal bestimmte Impulse setzen. Hier sind zwei Möglichkeiten:

➜ **Anzeige auf der Website:** »5 andere sehen sich das gerade an.« – »Nur noch 2 Zimmer verfügbar.« Sie zeigen dem Gast an, wie begehrt die Zimmer sind. Durch diese sichtbare Verknappung des Angebots wird ein stärkeres Bedürfnis ausgelöst, als Gast an diesem begehrten Angebot teilhaben zu können.

➜ **Pop-up einblenden:** »Am 14./15. Juli Tango-Festival an der Kaimauer« – »Traditionelles Fest am Rathausplatz am 1. Wochenende im Oktober« – Der Gast erhält eine zusätzliche Info zum gewünschten Buchungszeitraum, die ihn animiert, sich für das Hotel zu entscheiden.

Aber Achtung: Zu viele solcher CTAs können den Gast auch nerven. Hier heißt es: Wäge ab, welche Information für den Gast einen echten Mehrwert darstellt. Sonst könnte er es leicht als marktschreierische Werbung empfinden. Das ist übrigens das Prinzip, das gutem Content-Marketing zugrunde liegt.

Wie viel die kluge Kombi von Text und Bild bei einem CTA ausmachen kann, zeigt die Website der **Seezeitlodge am Bostalsee**. Hier wird der Gast schon auf der Startseite mit besonderen Bildern überrascht, die einen Mix von stimmungsvoller Fotografie, sehr ästhetischem Grafik-Design und ungewöhnlichen Text-Elementen präsentiert. Einzelne Elemente (wir nennen sie im Agentur-Sprech »Kacheln«) sind fotografisch interessant und zudem mit einem einfachen Begriff betitelt.

Statt eines einfachen Pop-ups, der die Gäste ermuntern soll, mehr zu erfahren, sofort zu buchen oder einen Gutschein zu kaufen, gibt es eine transparente »Folie«, z. B. mit einem Fisch-Motiv und der freundlichen Aufforderung »Verschenken Sie eine inspirierende Seezeit!«

www.seezeitlodge-bostalsee.de

VIDEOS: BEWEGTE BILDER SCHADEN NIE

Die Sehgewohnheiten haben sich stark verändert. Na gut, Bewegtbild hat die Menschen schon immer fasziniert, jedoch entscheidet sich heute die Mehrzahl von Usern für das Video, wenn ihnen dieselbe Information auch als Text angeboten wird. Die nachwachsenden Generationen, die sich auf YouTube tummeln wie unsere Eltern früher im Sommer am Dorfweiher, finden es sowieso völlig normal, wenn sie überall Videos anklicken können. Nur eines dürfen sie nicht sein: länger als eine halbe Minute. Zumindest, wenn du sie auf die Website deines Betriebes stellst. 30 Sekunden! Merk dir das. Okay, es gibt Ausnahmen. Aber die Geduld des Users, sich ein Video bis zum Ende anzuschauen, nimmt rapide ab.

Das Hotel **Zur Bleiche** im Spreewald und die **Seezeitlodge** im Saarland stimmen die Besucher ihrer Website mit wunderschönen Videos auf den Aufenthalt in ihren Häusern ein.

www.seezeitlodge-bostalsee.de; www.bleiche.de

Bei dem Traditionsgasthaus **Alter Posthof** darf das Video auf der Startseite schon einmal etwas länger sein. Schließlich geht es darum, dass die Inhaberin und Köchin eine Auszeichnung erhalten hat. Der Mix aus Atmosphäre, Haus, Region und Person ist gut gelungen und kommt authentisch rüber. Das Video hält sich an die drei goldenen Content-Regeln: Information, Weiterbildung, Unterhaltung (vgl. **KAPITEL 16**). Und klick:

www.alterposthof.de

www.embury.bar

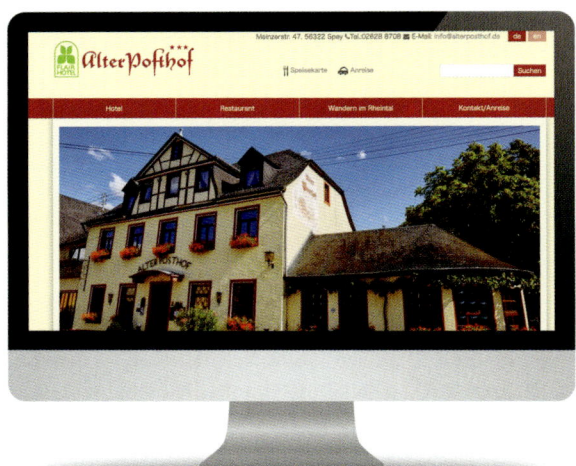

www.alterposthof.de

www.biohotel-schwanen.com

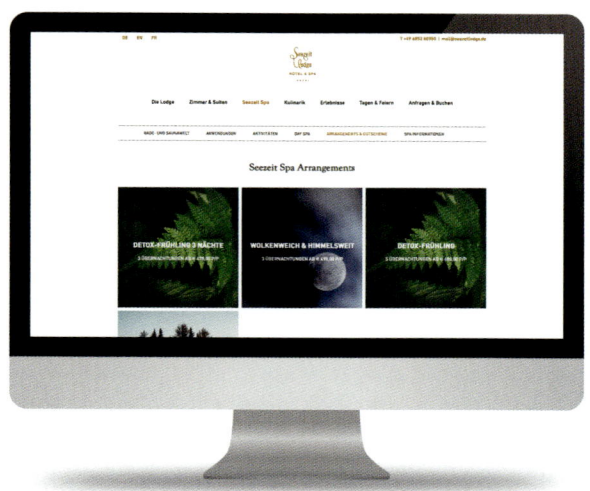

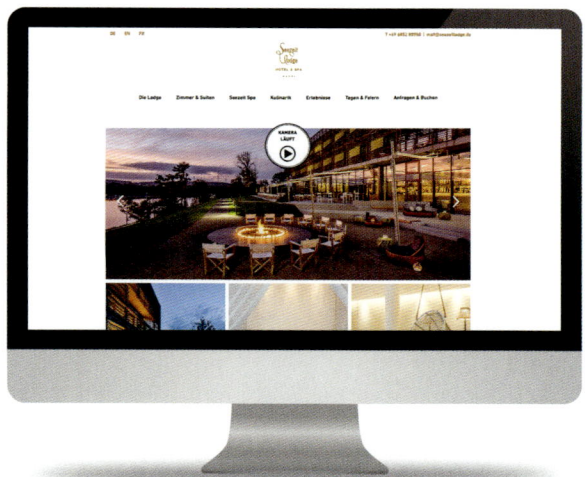

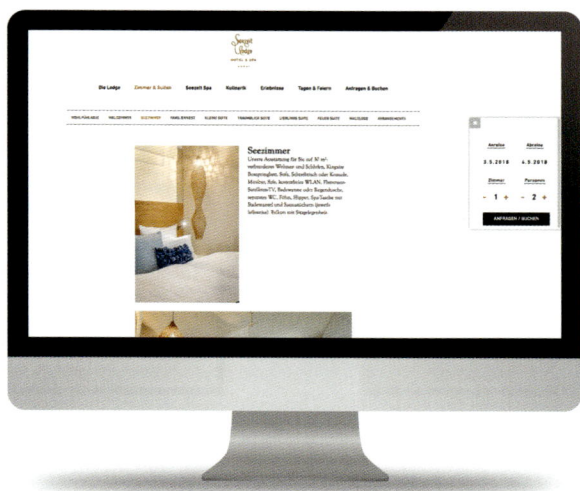

www.seezeitlodge-bostalsee.de

AN QUERVERBINDUNGEN DENKEN

Auch eine wichtige Sache, die auf deiner Website nicht zu kurz kommen sollte: das Verlinken mit anderen digitalen Kanälen, z. B. mit den sozialen Netzwerken. Wenn du Begriffe benutzt, die du auch auf Facebook oder anderen Social Media verwendest, kannst du sie mit einem #Hashtag [Doppel- oder Nummernkreuz] versehen. Damit erleichterst du dem User die Auffindbarkeit von Inhalten, die ihn interessieren.

Gesunde Küche, und das gerade für Leute, die ständig unterwegs sind, bietet das neue gastronomische Konzept »Ben Green«:
Im Kölner Flughafen sind sie für all jene Gäste präsent, die genug haben vom Fast Food und sich doch schnell mal nebenbei gut ernähren wollen. Auch an Unverträglichkeiten ist gedacht, jedoch werden diese nicht stiefmütterlich abgehandelt, sondern munter und wie selbstverständlich mit genannt. Vorbildlich ist die Verknüpfung mit verschiedenen anderen digitalen Kanälen, in denen textlich konsequent der Ton fortgeführt wird, der bereits auf der Homepage angeschlagen wird.
Auf der Startseite der Website heißt es:
WIR MACHEN DAS ESSEN ZU DEINEM LEBEN: INDIVIDUELL, SCHNELL ZUBEREITET, OHNE KÜNSTLICHEN BULLSHIT!
Wir machen Fast Food zu Good Food. Wir folgen keiner Religion. Unser Essen ist für alle. Für unsere Gerichte verwenden wir nur hochwertige Zutaten, die wir schnell, schonend und ohne Bullshit zubereiten. Du bist Sportler, Veganer, Proteinjunkie oder einfach nur hungrig? Bei uns bist du richtig!
#positiveeating #makeachoice #nobaddays
100 % GLUTEN- & LAKTOSEFREI
Wir möchten, dass so viele Menschen wie möglich, unser Essen genießen können, auch solche mit Unverträglichkeiten. Deshalb verzichten wir auf alles, was nicht unbedingt notwendig ist.«
www.hellobengreen.de

JETZT MACH!

1. Wirf einen grundehrlichen Blick auf deine Website: Ist die gut? Sei tapfer und gesteh dir die Lücken ein.
2. Schreib die Lücken auf und notiere direkt dahinter Verbesserungsvorschläge. Ist die Website unübersichtlich? Frage dich, welche Infos da drauf müssen. Weniger ist mehr.
3. Was soll der Besucher deiner Website machen? Soll er anrufen? Buchen? Etwas bestellen? Ein Produkt kaufen? Auf den Facebook-Button klicken? Sich ein Video anschauen? Welche Aktivität wünschst du dir, damit du deine Leistungen besser verkaufen kannst?
4. Wenn du weißt, was der User auf deiner Website am besten machen sollte, baust du deine Website um diese Aktion herum auf. Beispiel: Du hast einen Catering-Service und möchtest, dass der Besucher der Website ein unverbindliches Angebot anfordert. Du platzierst einen entsprechenden Button »Angebot unverbindlich anfordern« sehr gut sichtbar auf der Startseite und auf jeder einzelnen Unterseite. Wahrscheinlich fällt es dem Kunden leichter, auf diesen Button zu klicken, wenn er tolle Fotos von deinem Speisenangebot sieht. Du hinterlegst z. B. jede Seite mit einem großformatigen, exzellent aufgenommenen Foto deines Angebots.
5. Die Tendenz geht zu sehr einfachen Websites, die der User auf einen Blick erfassen kann bzw. auf denen er nicht mehr klicken muss, sondern die er einfach nur runterscrollt. Das sind die sogenannten One-Pager [Ein-Seiter]. Hier nimmst du Abschied von der komplizierten Menüführung und beglückst den Gast mit einer extrem schnell zu erfassenden Website.
6. Ein absolutes Muss ist das sogenannte responsive Design [antwortendes Design] einer Website. Das bedeutet: Egal, auf welchem Endgerät ein User die Seite aufruft, wird er immer eine auf das jeweilige Display angepasste Darstellung der Website erhalten. Wenn du das noch nicht hast, beeil dich und lass deine Website neu programmieren. Bei der Gelegenheit kannst du gleich deine in diesem Kapitel gewonnenen Erkenntnisse umsetzen.
7. Prüfe deine bestehende Website auf Querverbindungen zu anderen digitalen Kanälen. Hast du an die Social-Media-Icons [Symbole für Facebook, Instagram, Twitter usw.] gedacht? Wenn du eine weitere Website oder einen Blog betreibst, verlinke dorthin. Wenn irgendjemand etwas Nettes in einem Food-Magazin über euch geschrieben hat, verlinke direkt darauf. Je stärker du dich mit anderen Seiten verlinkst, desto höher ist deine Auffindbarkeit im Web. Und das schadet ja bekanntlich nie.

Website

(17) FÜR BLOGS SCHREIBEN
IMMER GENUG PLATZ FÜR TEXT

DAS KAPITEL IN 7 SEKUNDEN

* Blogs sind nur dann eine sinnvolle Ergänzung zum Webauftritt, wenn sie genügend interessante Inhalte bieten.
* Blogs lassen sich technisch und visuell gut in bestehende Websites einbinden. Das hat außerdem positive Auswirkungen auf die Suchmaschinenoptimierung.
* Blogs sind so etwas wie digitale Magazine: Ihr erfolgreicher Mix besteht wie bei Print-Magazinen auch aus schönem Layout, kurzweiligen Beiträgen und Tipps und Infos am Rande.
* Das Schreiben für Blogartikel ist sehr angenehm, weil es mehr Platz gibt und man ausführlicher werden darf.
* Mögliche Inhalte für Blogbeiträge können Hintergrundinfos sein, Listicals [Tipps in komprimierter Form], Interviews, kleine Storys, Porträts von Teammitgliedern usw.
* Um einen Blog kontinuierlich zu befüllen, ist ein Redaktionsplan nötig.
* Blogs eignen sich auch sehr gut, Jobs anzubieten und über Berichte von Teamevents das Gemeinschaftsgefühl der Mitarbeitenden zu stärken.

Manchmal sind eine Website und ein Facebook-Auftritt nicht genug, sondern du hast so viel Stoff (neudeutsch: Content), dass du damit Zeitungen füllen könntest. Stichwort Zeitung: Ja, zum Beispiel eine gedruckte Hotelzeitung (siehe **KAPITEL 8**). Oder eben eine Zeitung, die digital erscheint: ein Blog oder eine erweiterte digitale Gästemappe auf dem Zimmer. Aber Achtung: Wenn du nur sehr wenig zu erzählen hast, überleg es dir gut, dafür ein eigenes Magazin, egal ob Print (Hauszeitung) oder digital (Blog), ins Leben zu rufen. Ein Blog, auf dem mehrere Monate lang nichts passiert, ist öde und schadet dem Image eher, als dass er dem Betrieb nützt.

UND WANN LOHNT SICH EIN BLOG ÜBERHAUPT?

Vorrang vor dem Blog hat immer noch die eigene Website. Doch der Blog lässt sich jederzeit in die Website integrieren, z. B. als gut sichtbarer Menüpunkt. Ein Blog muss nicht als einzelner Digital-Kanal aufgesetzt werden, sondern du solltest das Teil lieber direkt mit Bestehendem verknüpfen, z. B. mit der Website. Das lieben auch die Suchmaschinen sehr. Entspann dich, du musst nicht sofort entscheiden, ob sich ein Blog für euch lohnt. Wenn du merkst, dass deine Gäste viel nachfragen, viel wissen wollen, sich für euren Laden interessieren und ihr gleichzeitig viel zu erzählen habt, könnte ein Blog für euch das Richtige sein.

INHALTE HAMSTERN

Bevor du loslegst, sammle erst einmal Content, also Inhalte, die für deine Leser interessant sein könnten. Noch einmal zur Erinnerung: Es sollte informativ, erhellend und unterhaltend sein. Hier ein paar Anregungen:

- Kleine Geschichten rund um den Betrieb
- Erlebnisse von Gästen
- Neues aus der Region
- Ein Teammitglied stellt sich vor
- Interview mit einem »Original« aus dem Ort/der Stadt/der Straße
- Tipps, verpackt in so genannte »Listicals« (vgl. **KAPITEL 5**)

Hier hast du ein paar Anregungen, was du alles an Content hamstern könntest, selbstredend immer abhängig davon, in welchem Betrieb du arbeitest.

Ein Sporthotel: 10 Tipps für Alpin-Skifahrer. Interview mit Sportlegende Maria Höfl-Riesch. Vor dem großen Aufstieg: Diese Mahlzeiten bereiten wir Ihnen gerne zu.
Eine Bar: Wie man umwerfende Cocktails mixt. Bericht von der letzten Cocktail-Meisterschaft der Deutschen Barkeeper Union e. V. Zu Besuch in legendären Bars verschiedener Städte. Ironische Darstellung des Gin-Hypes in Deutschland.
Ein Business-Hotel: Messe-Kalender. 3 Geheimtipps für extrem verbilligte Messetickets. Die richtige Einlegesohle: So bleiben Sie tagsüber lange fit. Empfehlungen für Business-Outfits, Schneider, Maßanzüge usw. Unser Team: Unsere F&B-Managerin stellt sich vor.
Eine Pension für Radwanderer: Porträts von tapferen Radlern (ältester, jüngster Gast, kinderreichste Familie, frisch Vermählte usw.). Empfehlungen vom ADFC einbetten. Dokumentation der besten Apps für Radrouten. Interview mit dem Inhaber eines Fahrradladens zum Thema »Das beste Bike zum Radwandern«.

Wenn du merkst, dass du nicht genügend Inhalte zusammenbekommst, verwerte deine Schnipsel lieber ab und zu auf deiner Facebook-Seite oder in einem Newsletter, aber kralle dich nicht auf Teufel komm raus an der Blog-Idee fest. Ein Blog bedeutet auch immer: zusätzliche Arbeit.

DIE TECHNISCHE SEITE: EINEN BLOG AUFSETZEN

Das ist einfach. Es gibt genügend Templates [vorgefertigte Vorlagen], aus denen du auswählen kannst, um so einen Blog ruckzuck einzurichten. Es gibt auch Anbieter, die dir gleich den Speicherplatz anbieten. Wenn du ein Gastronomie- bzw. Hotellerie-Held bist und dich die digitale Technik eher kalt lässt, delegiere diese Arbeit. Damit brichst du dir keinen Zacken aus der Krone, im Gegenteil: du machst das, was du gut kannst, und den Rest überlässt du Leuten, die etwas davon verstehen. Völlig in Ordnung. Hier ein paar Vorschläge für Plattformen, auf denen du dir Blog-Vorlagen aussuchen kannst. Sie sind zum größten Teil berückend schön und professionell gestaltet – wähle einfach aus und komm bloß nicht auf die Idee, deinen Neffen ein eigenes Template programmieren zu lassen, nur weil der gerade den IT-Kurs in der Schule gemacht hat. Handfeste Designer legen dir in fertigen Templates ihre visuellen Juwelen vor die Füße, und es kostet kaum etwas! Worauf wartest du?

Schau dich mal hier um, du wirst bestimmt fündig:
blogger.com
myblog.de
templatemonster.com
themeforest.net
tumblr.com
wordpress.com

ANDERS SCHREIBEN FÜR BLOGARTIKEL?

Ein Blogbeitrag darf länger sein als ein Facebook-Post oder eine Info auf der Website. Du darfst ein wenig abschweifen, deinen Artikel etwas ausschmücken und auch emotionaler sein als auf der Website, die ja zuallererst der schnellen Information dient. Stell dir vor, du erzählst deinen Freunden beim abendlichen Bier oder Wein eine Sache, die dir letztens passiert ist. Da beschränkst du dich ja auch nicht auf die reinen Zahlen und Fakten, sondern erwähnst das eine oder andere Detail und sicherst dir die Aufmerksamkeit deiner Zuhörer, indem du die Story spannend aufbaust und dir vielleicht die Pointe bis zum Schluss aufhebst. Wenn du einen Blogbeitrag schreibst, gehst du genauso vor. Im Idealfall illustrierst du das Ganze noch mit mindestens einem Bild, besser gleich mit mehreren. Denk dran: Bilder sind schneller im Kopf als Text, und die Kombi von beidem ist das Beste. Du lernst das leicht an ein paar guten Beispielen.

Das MAXIMILIANS in Landau hat seinen Blog in die Website eingebettet. Der Besucher der Seite lässt sein Auge schweifen und findet ziemlich bald den Hinweis »BLOG Das Maximilians ganz nah – alle Neuigkeiten rund um das Hotel und aus der Region. > zum Blog«. Ein Klick auf den Button und schon landet man auf der Übersicht der letzten Blogartikel. Der Blog ist in demselben Corporate Design gestaltet wie die Website. Der Gast weiß sofort: Hier bin ich richtig. Das Maximilians veröffentlicht im Blog u. a. diese Artikel:
• Die schöne Südpfalz
• Pfälzer Blogparade
• Pfalzliebe
• Heimatliebe
• Der Pfälzer Dialekt
• Landauer Wochenmarkt
Merkst du's? Die bespielen immer wieder ein Thema, nämlich die Liebe zur Region. Zwischendurch gibt es auch mal andere Nachrichten, aber das Hauptaugenmerk liegt auf der Umgebung, in die das Hotel eingebettet ist. Würden diese Artikel auf der

Website stehen, wäre das eindeutig zu viel des Guten, zu überladen, auch nicht für alle Gäste relevant. Für die echten Pfalz-Fans jedoch sind diese Artikel bestens im Blog untergebracht. Auch du kannst überlegen, ob du vielleicht ein bestimmtes Thema in deinem Blog bespielen möchtest. Manchmal ist es sogar leichter, Content zu kreieren, wenn man einen inhaltlichen Fokus hat.

www.maximilians-landau.de/blog

Die MEININGER HOTELS haben ebenfalls ihren Blog in ihre Website integriert. Scrollt man auf der Startseite ein wenig nach unten, erscheint in einem farblich abgesetzten Sektion auf der Website der Hinweis auf den Blog. Es werden bereits drei Artikel angeteasert (»Mehr lesen«), sodass die Entscheidung nicht schwerfällt, sich einmal auf diesem Kanal umzusehen. Und dieser Kanal ist mehr als gut bestückt: Der Blog ist wie ein opulentes Coffeetable-Book [fetter Bildband zum entspannten Blättern] angelegt, es gibt eine eigene Menüleiste für die Kategorien einzelner Artikel:

- Meininger
- Europareise
- Weltreise
- Shopping und Fashion
- Essen & Trinken
- Kunst & Kultur
- Fun Facts

Zu jeder Kategorie gibt es unzählige Artikel. Unter dem Punkt »Fun Facts« werden z. B. besondere Insider-Tipps für jede Stadt zusammengetragen, in der es Meininger Hotels gibt. Auf diese Weise wird der Gast bereits inhaltlich vor seiner Reise vom Meininger mit unterhaltsamen Infos gefüttert und für seinen unvergesslichen Aufenthalt präpariert.

www.meininger-hotels.com/blog

Ziemlich crazy ist es, das MICHELBERGER HOTEL in Berlin. Künstler, Musiker, Kreative – alle werden mit offenen Armen empfangen. Die Hotel-Website bietet gleich mehrere andere digitale Kanäle an. Dazu gehören eine eigene Festival-Seite, ein Shop, eine Veranstaltungsseite für Musik, eine Seite, auf der gespielt werden kann und und und – na klar ist auch ein Blog dabei. Von jeder dieser Seiten kommst du auf eine der anderen Seiten, wenn du möchtest. Alles ist miteinander verlinkt. Die News auf der Blogseite kannst du u. a. sortieren nach:

- Hotel
- Events
- Fotografie
- Jobs

Der letztgenannte Punkt ist interessant: Ein Blog eignet sich nämlich wunderbar fürs Recruiting. (vgl. **KAPITEL 31**) Hier ist genug Platz, um eine ausführliche Job-Beschreibung mit guten Fotos zu kombinieren. Während sich potenzielle Mitarbeiterinnen und Mitarbeiter auf der Blogseite tummeln, erfahren sie jede Menge über den Betrieb, über das Angebot, die Stimmung in dem Laden usw. Sollte die Suche nach Fachkräften bei euch ein großes Thema sein, lohnt sich vielleicht schon allein deshalb ein Blog für euch.

www.michelbergerhotel.com/blog

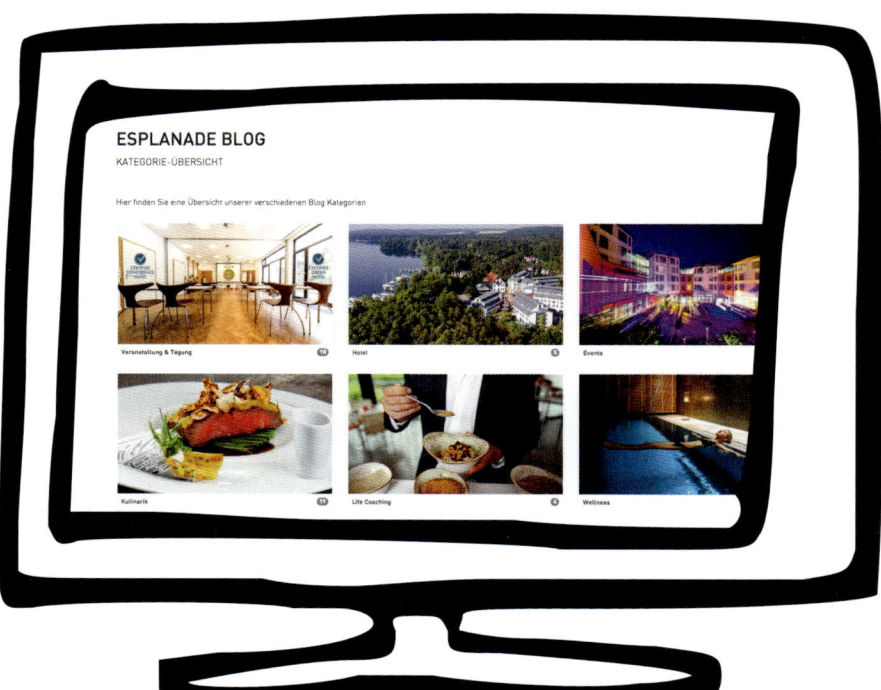

www.esplanade-resort.de/blog

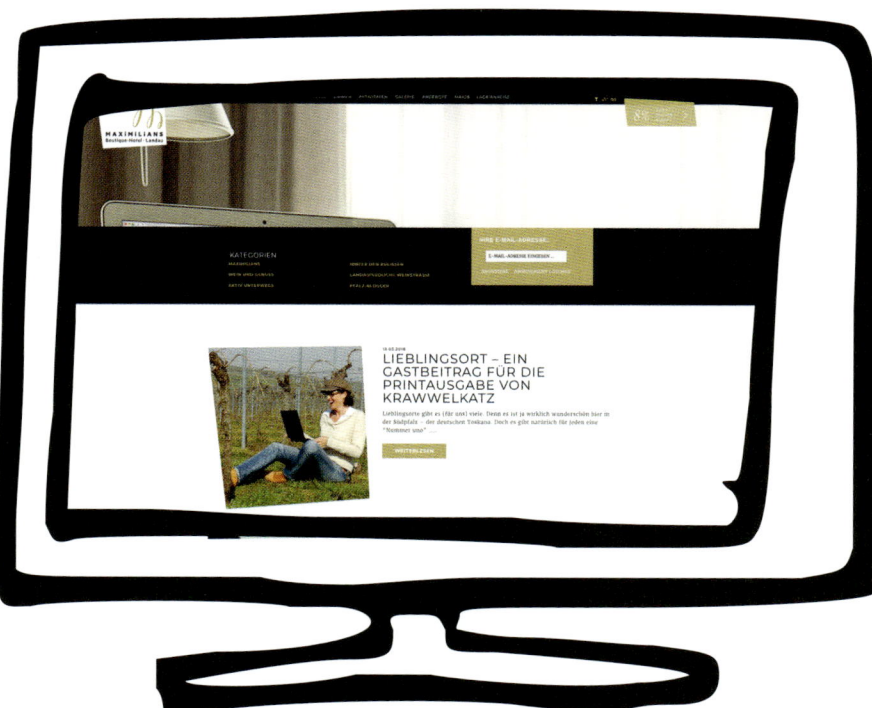

www.maximilians-landau.de/blog

www.michelbergerhotel.com/blog

www.meininger-hotels.com/blog

Das Hotel ESPLANADE in Bad Saarow verweist auf seiner Startseite mit kleinen Symbolen auf zusätzliche Services auf der Website:
• Buchen
• Gutscheine
• Kontakt
• Blog
Klickst du das Blog-Symbol an, landest du auf einer übersichtlich gestalteten Unterseite, auf der dir sechs Themen-Kategorien angeboten werden:
• Hotel
• Events
• Kulinarik
• Veranstaltung & Tagung
• Life Coaching
• Wellness
Jede Kategorie ist mit einem ästhetisch anspruchsvollen Foto illustriert, sodass es Freude macht, Näheres zu erfahren. In einem kleinen Feld am unteren Bildrand wird die Anzahl der vorhandenen Artikel zu jeder Kategorie angezeigt. Das ist eine sehr gute Idee, denn gerade als Online-Leser weißt du ja nie, wie viel Inhalt dich erwartet und wo eine Blogseite anfängt bzw. aufhört. Hier wird dir Orientierung geboten. Aha, es gibt neun Beiträge zum Thema Veranstaltung & Tagung – da schau ich mal nach, da ist bestimmt etwas für mich dabei. Klickst du da drauf, erwartet dich eine Unterseite, die wieder mit großen Bildern arbeitet. Erst mit dem Klick auf den eigentlichen Blogartikel erhält der User einen längeren Text. Dieser ist wiederum vorbildlich aufgelockert mit vielen Fotos. Ein echter Mehrwert für den Leser (und für die Suchmaschinen, vgl. **KAPITEL 23**).

www.esplanade-resort.de/blog

JETZT HEISST ES: DRANBLEIBEN!

Du hast ein Thema? Du hast Inhalte gesammelt? Du hast alles schön verknüpft mit deiner Website oder mit Facebook? Super. Sei diszipliniert und lass das Befüllen des Blogs nicht schleifen. Das geht sehr einfach, wenn du einen Redaktionsplan machst (vgl. **KAPITEL 26**). Was ein solch genialer Plan jedoch nicht ersetzen kann, ist deine persönliche Reaktion auf Kommentare deiner Leser. Du kannst auch einen Blog ohne Kommentarfunktion aufsetzen. Das empfiehlt sich, wenn ihr keine Ressourcen im Betrieb dafür freistellen könnt, täglich (!) auf dem Blog nachzuschauen, ob jemand etwas geschrieben, ergänzt, positiv oder negativ bewertet hat. Dasselbe gilt übrigens auch für Facebook & Co. – immer dann, wenn das Medium tagesaktuelle Posts zulässt.

Nehmen wir an, dein Blog lässt Kommentare von Lesern zu. Du schaust einmal am Tag nach dem Rechten und antwortest immer – ja, immer! – auf jede Art von Kommentar. Wenn sich jemand beschwert, gehst du höflich darauf ein. Wenn jemand lobt, bedankst du dich. Wenn jemand etwas anregt, nimmst du das freundlich entgegen. Wenn jemand allerdings pöbelt, musst du dich abgrenzen und unter Umständen anwaltlichen Rat einholen. Sollte dich die Kommentarfunktion nur stressen, schalte sie aus. Dein

Blog wird trotzdem gelesen, und wer unbedingt seinen Senf dazugeben will, hat ja immer noch Facebook. Oder den Griff zum guten alten Telefonhörer.

JETZT MACH!

1. Notiere dir mögliche Inhalte für deinen Blog. Wenn dir schon nach drei Punkten nichts mehr einfällt, vergiss die Sache mit dem Blog und heb dir die drei Sächelchen für Facebook auf.
2. Wenn deine Liste elend lang wird, ist das ein gutes Zeichen dafür, dass du viel zu erzählen hast. Das heißt: Setz einen Blog auf.
3. Tummle dich auf anderen Blogs und notiere dir, was dir dort gefällt.
4. Schau dir die Anbieter von verschiedenen Templates an und wähle eine zu deinem Betrieb passende Vorlage aus. Du betreibst eine Zigarren-Bar? Wahrscheinlich ist ein dunkler Hintergrund ein guter Match für dich. Das mit den rosa Blumenranken und der Schnörkelschrift in Glitzergrau lässt du besser mal …
5. Bitte einen waschechten Techie, dir den Blog als Teil deiner Website aufzusetzen.
6. Mach einen Redaktionsplan, damit du nicht jede Woche aufs Neue ins Grübeln kommst, was du posten sollst.
7. Wecke den Journalisten in dir und hol dir Input von außen für deine Artikel: Interviews, Fachbeiträge von anderen Pro's, Gäste-Porträts, Team-Aussagen.
8. Falls du eine Kommentarfunktion zugeschaltet hast, bleibt dir der tägliche Blick auf den Blog nicht erspart. Vielleicht startest du erst einmal ohne eine solche Funktion und schaust, wie es insgesamt so läuft.

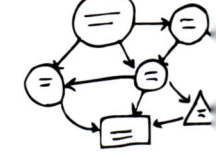

⌈18⌉ RESERVIERUNGEN, BUCHUNGEN UND PORTALE

AN DEN RICHTIGEN RÄDCHEN DREHEN

DAS KAPITEL IN 7 SEKUNDEN

* **Hinter den Kulissen ist vor den Kulissen: Auch die Texte zu Reservierungen und Buchungen sowie die kleinen Schnipsel auf Portalen sind wichtig und repräsentieren den Betrieb.**
* **Alles, nur keinen Standard, keine Floskeln! Unterscheidbarkeit ist gefragt, denn das Angebot wird für den Gast immer unübersichtlicher.**
* **Bei den Kurzbeschreibungen sind die ersten zehn Wörter die wichtigsten. An ihnen entscheidet sich, ob sie einen Klickimpuls auslösen oder nicht.**
* **Man muss sich als Betrieb nicht alle platten verkaufsfördernden Tricks der Portale gefallen lassen. Besonders dann nicht, wenn es dem Image schadet.**
* **Restaurant-Booking-Portale müssen ebenso akribisch betextet werden wie die eigene Website. Schließlich nehmen die digitalen Buchungen ständig zu.**
* **No-Shows kann man vorbeugen, indem man die richtigen Texte vorab platziert und dem Gast dadurch den Aufwand verständlich macht, den der Betrieb im Vorfeld für den erwarteten Gast betreibt.**

Standardisierte Korrespondenz törnt ab. Gerade im Reservierungs- und Buchungsprozess hat der Hotelier und Gastronom zahlreiche Chancen, mit dem Gast auf besondere Weise zu kommunizieren. Und was passiert meistens? Null-acht-fuffzehn-Antworten, lieblose Floskeln, oft sogar ohne jegliches Branding, manchmal fehlt gar der Name des Absenders. Dabei ist der Gast gerade während des Buchungsprozesses sehr empfindlich, denn hier muss er sich zusammenreimen, was ihn bei seinem Aufenthalt erwartet. Widmet ihr den Texten an diesen Kontaktpunkten entsprechende Aufmerksamkeit? Über einen Mangel an Möglichkeiten kannst du dich ja nicht beklagen:

* Auskunft, ob noch etwas frei ist und in welcher Kategorie
* Reservierungsbestätigung
* Buchungsbestätigung
* Rechnung
* Stornobedingungen
* Hinweise für den Aufenthalt
* Empfehlung für die Anreise
* Erinnerungsmail kurz vor dem Aufenthalt
* Begrüßungsmail / Textnachricht
* Verabschieden und Nachhaken, ob es ein angenehmer Aufenthalt war

Dieser Gastgeber im Vogtland hat es begriffen und individualisierte Texte verfassen lassen, damit die Gäste mit einer persönlichen Tonalität über alle Punkte während des Reservierungs- und Buchungsprozesses angesprochen werden.

Fragt ein Gast dort an, versendet der Betrieb diesen Angebotstext:
Unser Angebot für Ihren Aufenthalt im SELBST**GEMACHT**
Sehr geehrte/r Frau/Herr NACHNAME,
Ihr Urlaub bei uns im SELBST**GEMACHT** nimmt Gestalt an. Wunderbar! Ihrer Erholung steht nichts mehr im Wege. Denn bei uns können Sie vom Alltag loslassen, durchatmen und herrlich entspannen. Dafür sorgen wir als Ihre Gastgeber und unser Paradies im Grünen.
Hier unser unwiderstehliches Angebot für Sie:
Ihre Anreise
Ihre Abreise
Ihr/e Zimmer inklusive selbstgemachtem leckerem Frühstück
Ihre Investition   ZAHL €
Ach, übrigens: Bei uns gibt es viel zu sehen und zu tun. Ob Sie bei Ausflügen die sanften Hügel des Vogtlandes erkunden möchten, bei Spaziergängen mit unseren Lamas Gelassenheit finden oder beim Filzen und Brotbacken den Kopf abschalten wollen – wir helfen Ihnen gerne bei der Planung Ihrer Aktivitäten. Sie können auch nur auf unserer Sonnenterrasse sitzen und eine erholsame Auszeit genießen.

Wunschlos glücklich? Falls Sie noch Fragen haben, melden Sie sich gerne bei uns. Informationen zu unseren AGB finden Sie im Anhang dieser E-Mail.
Wir freuen uns, Sie/und Ihre Familie im SELBSTGEMACHT willkommen zu heißen!
Herzliche Grüße
VORNAME NAME

Und damit Sie den Weg zum Paradies auch wirklich finden: Das SELBSTGEMACHT hat seit 2013 eine neue Adresse. Sie finden uns jetzt in Arnsgrün Nr. 56 in 07937 Zeulenroda-Triebes. Bitte geben Sie die alte Adresse Elsterberger Str. 18 in 07937 Vogtländisches Oberland/Arnsgrün ein, wenn Ihr Navigationssystem die aktuelle Adresse nicht kennt.

Und eine Buchungsbestätigung z. B. für Tagungsgäste sieht so aus:
Buchungsbestätigung für Ihre Tagung/Ihr Seminar im SELBSTGEMACHT
Sehr geehrte/r Frau/Herr NACHNAME,
Sie haben sich für eine Tagung/ein Seminar bei uns im SELBSTGEMACHT entschieden. Wunderbar! Wir freuen uns darauf, für den perfekten Rahmen Ihrer Tagung/Ihres Seminars zu sorgen.
Hier finden Sie Ihre Buchungsdetails:
Stimmt alles? Bitte geben Sie uns für die Belegung der Zimmer die Namen Ihrer Teilnehmer per E-Mail durch. Und falls Sie noch Fragen oder Wünsche haben, wir helfen Ihnen gerne. Mit Ihrer Buchung sind unsere AGB für Sie verbindlich.
Und jetzt können Sie sich auf eine entspannte Tagungszeit/Seminarzeit bei uns im SELBSTGEMACHT freuen!

Herzliche Grüße
VORNAME NAME
www.selbst-gemacht.eu

Buchungsvorgänge

SCHON DIE EINFACHE RESERVIERUNGSBESTÄTIGUNG GELINGT IN DIESEN BEISPIELEN ZUR VERHEISSUNGSVOLLEN EINLADUNG.

www.seezeitlodge-bostalsee.de

PORTALE UND DIE (BESCHRÄNKTEN) MÖGLICHKEITEN, GUTE TEXTE ZU LIEFERN

Gut, wenn man das alles selbst bestimmen oder zumindest beeinflussen kann, weil die Buchung über die eigene Website oder direkt via Telefon bzw. E-Mail zu dir kommt. Aber machen wir uns nichts vor: Sehr viele Anfragen und Buchungen laufen über die großen Portale, und dort ist dein Einfluss auf die Texte begrenzt. Dennoch: Gib das nicht ganz aus der Hand, sondern liefere guten Stoff, der eins zu eins übernommen wird. Gibt es eine Vorgabe zur Zeichenanzahl, dann halte dich sklavisch dran, damit du deinen Text nachher noch wiedererkennst.

Viele Hotels und andere Beherbergungsbetriebe werden nur ganz knapp angeteasert, ein Foto, die wichtigsten Infos als Icons, begleitet von einem winzigen Text, der oft noch mitten im Satz abgewürgt wird mit dem berüchtigten »mehr erfahren«. Deshalb gilt die Faustregel: Es kommt auf die ersten zehn Wörter an! Die müssen sitzen, und zwar richtig.

Du willst auf einem Buchungsportal eine Ferienwohnung im Bauernhaus an der Schlei präsentieren. Was ist besser?
A: Helle Holzdielen, knisternder Kachelofen, uriges Fachwerkhaus mit Garten, 5 Minuten zum Wasser ›mehr erfahren
B: Gemütlich eingerichtete Ferienwohnung für 6 Personen im Bauernhaus, Parkplätze auf dem Grundstück vorhanden ›mehr erfahren

---

Echt, auf die ersten zehn Wörter kommt es an. Pack in diese wichtige Wortgruppe keine Infos, die nicht sowieso schon durch Zeichen oder Info-Kästen dargestellt werden. Hier geht es ums Verkaufen! Starte emotional, entwirf Bilder, sprich die Sinne deines Lesers an.

Auf dem Portal TRAUM-FERIENWOHNUNGEN haben die Vermieter die Möglichkeit, ihr Haus zu beschreiben. Auch für den Anreißer-Text auf der Ergebnisseite gibt es etwa zwei Zeilen Platz für Text. Ergänzt wird dieser durch ein Foto vom Haus und einigen Icons, was das Haus zu bieten hat. Diese Vermieter machen es richtig und achten genau darauf, wie sie die Wörter im Anreißer-Text setzen:
»Landhaus-Romantik unter Reet im Biosphärenreservat Südost-Rügen, idyllisch direkt am Deich gelegen mit Blick auf die wunderschöne Boddenlandschaft.«
Das spricht Gefühle an (Romantik, idyllisch, wunderschön), es entstehen Bilder vor dem geistigen Auge (unter Reet, Biosphärenreservat, am Deich gelegen, Blick auf Boddenlandschaft). Wenn das nicht den Klickimpuls auslöst!
Auch auf der ausführlicheren Unterseite wird lebendig und sinnlich beschrieben, was den Gast erwartet. Dort heißt es z. B. unter »Besondere Merkmale«: »Genießen Sie den riesigen Garten, der im Jahr 2015 neu angelegt wurde und u. a. ein Spielparadies für Kinder mit Rutschen, Schaukeln und Sandkästen umfasst, in denen sich kleine Baumeister austoben können.«
Elternherzen schlagen hier garantiert höher. Die Entspannung ist gesichert.
www.traum-ferienwohnungen.de/123819/

Der vorhin schon erwähnte kleine Hotelbetrieb mit Tagungshaus »selbst gemacht« hat einen durchdachten Text an die einschlägigen Buchungsportale gesendet. So gehen sie sicher, dass im Web ein paar vernünftige Zeilen zur Beschreibung ihres Angebots stehen werden.

»Sich Zeit nehmen, durchatmen und wohlfühlen: Bei uns dürfen Sie abschalten und entspannen. Ob Sie für sich sein und bei uns neue Kraft tanken möchten, zu zweit unsere Idylle genießen oder mit Ihrer Familie Landluft schnuppern wollen – im SELBSTGEMACHT ist jeder Gast herzlich willkommen. Und wenn Sie arbeiten möchten, haben wir natürlich auch Platz für Ihre Tagungs- oder Seminarteilnehmer. So individuell unsere Gäste, so individuell unsere acht Zimmer. Keines gleicht dem anderen, jedes ist anders gestaltet. Was Sie bei uns erwartet? Mit Sinn für Ästhetik eingerichtete, lichtdurchflutete Ruhe- und Schlafoasen. Sie werden nicht mehr nach Hause wollen. Schauen Sie selbst.«

Da siehst du's wieder: Mit den ersten zehn Wörtern ist viel gesagt und ein bestimmter Schwerpunkt gesetzt; in diesem Fall das Versprechen der Gastgeber, dass ihre Gäste bei ihnen Zeit für sich finden.

www.selbst-gemacht.eu

DIE PSYCHO-TRICKS MANCHER HOTELPORTALE

Du kennst das: Die großen Player booking.com, Expedia und HRS wollen die User dazu bringen, schnell zu buchen. Dies geschieht mit einigen Hinweisen, die ihre psychologische Wirkung beim Kunden nicht verfehlen:

- »Nur noch 1 Zimmer verfügbar.« Dies ist künstliche Verknappung; der Gast kann nicht nachprüfen, ob es stimmt.
- »Besonders beliebt.« Hier wird auf das soziale Gemeinschaftsgefühl des Kunden abgezielt. Was andere gut finden, ist für mich bestimmt auch gut.
- »Leider gerade verpasst! Das letzte Zimmer ist weg.« Hier wird bewusst mit der Enttäuschung gespielt, um eine größere Begehrlichkeit für das Objekt zu wecken. Manchmal werden (zufällig?) gleich Alternativen genannt.
- »10 andere sehen sich das auch gerade an.« Hier wird künstlicher Druck erzeugt, der zu einem schnellen Entschluss führen soll.

www.focus.de/reisen/service/planung/booking-com-expedia-hrs-psycho-tricks-so-locken-beliebte-buchungsporta-le-urlauber-in-die-falle_id_7622842.html

Wenn es dir möglich ist, verlange von den Portalen, in denen dein Betrieb präsent ist, dass diese Pop-up-Nachrichten im Zusammenhang mit deinem Betrieb nicht angezeigt werden. Sie sind unseriös und fallen womöglich negativ auf euer Image zurück. Anders ist es, wenn du dich für solche zusätzlichen Nachrichten auf deiner eigenen Homepage entscheidest. Dort kannst du die Formulierungen selbst steuern und für eine absolut nachvollziehbare und authentische Information sorgen. Der individuelle Kontext, in dem eine solche Nachricht steht, führt zu einer positiven Stimmung beim Besucher deiner Website: Es ist ein zusätzlicher Kundennutzen und kein nervender Marketingtrick. (Vgl. **KAPITEL 16**)

RESERVIERUNGSSYSTEME FÜR RESTAURANTS

Die digitalen Buchungen von Menschen, die gerne etwas essen gehen möchten, nehmen stetig zu. Die für den Gast anstrengenden Anrufe bei gastronomischen Einrichtungen, bei denen erst nach dem siebten Klingeln abgehoben wird, der Lärmpegel im Hintergrund die Verständigung erschwert und der Mitarbeiter am Ende der Leitung meist nur ungeduldig die gewünschte Reservierung entgegennimmt – das alles muss nicht sein.

Metro-Chef Olaf Koch spricht in einem Interview mit der Frankfurter Allgemeinen Sonntagszeitung davon, dass die Digital Natives den Einsatz von Smartphones überall erwarten. »Die jungen Leute werden es irgendwann komisch finden, wenn sie nicht mobil bestellen können.« Koch arbeitet mit jungen Start-ups daran, bequeme digitale Lösungen zu entwickeln, z.B. die Möglichkeit, via Smartphone im Lieblingsrestaurant für die Mittagspause einen Tisch zu reservieren, die Speisen und Getränke zu bestellen und diese auch via Smartphone im Voraus zu bezahlen. Der eilige Gast ist schnell bedient – und der Gastronom fährt die Verweildauer des Kunden herunter, um mehr Gäste bedienen zu können.

(Quelle: FAS, Nr. 32, 13.8.17, Interview geführt von Georg Meck)

Und genau deshalb sollst du mit gutem Text rund um den Reservierungsprozess präsent sein.

Eine Geschäftsreisende hat abends in Augsburg noch ein wenig Zeit und möchte essen gehen. Sie schaut flugs auf OpenTable nach, was die Stadt ihr kulinarisch bietet. Da sind bereits die ersten Ergebnisse; alle Betriebe werden nach einem bestimmten, sehr reduzierten Standard präsentiert. Hier ist das Foto extrem wichtig und – wie immer und überall – die Bewertungen. Klickt die Businessreisende nun einen Betrieb an, erhält sie detaillierte Infos zu dem Laden. Achtung, deine Zeit ist gekommen! Schreib nicht so einen Kram wie »Nettes Café in der Altstadt; viele Kaffeesorten«, sondern schreib so was hier:

»Das Bricks ist mehr als nur ein Café!

... es ist ein Ort des Zusammenkommens und die Auszeit vom Alltag. Inspiriert vom urbanen Lifestyle und dem internationalen Flair von Cafés aus aller Welt, bietet das Bricks eine entspannte und doch lebendige Atmosphäre.

Egal ob für den ersten Morgenkaffee, das Tratschen am Nachmittag oder den Ausklang des Abends, wir begleiten unsere Gäste durch den ganzen Tag.

Wir wollen es anders machen!

Neben dem Klassischen gibt es bei uns Neues zu schmecken. Angefangen bei einer großen Auswahl an Frühstück, bieten wir den ganzen Tag über gesunde und leckere Kleinigkeiten, innovativ und ansprechend interpretiert. Abends verwöhnen wir unsere Gäste zudem mit kleinen Köstlichkeiten zu Wein & Co.«

www.opentable.de/r/bricks-cafe-bar-augsburg?p=2&sd=2018-01-16%2019%3A30

Wohin wird die Geschäftsreisende wohl gehen wollen? Ins Bricks oder in ein irgendwie nettes Café in der Altstadt? Hilft alles nichts, wer genial texten will, muss sich ein bisschen anstrengen.

WAS TUN BEI NO-SHOWS?

Es ist ärgerlich genug, wenn Gäste, die reserviert haben, einfach nicht erscheinen. Solche No-Shows kennt jeder Gastronom und Hotelier. Wir wollen hier nicht in die Diskussion um Stornogebühren einsteigen, jedoch schon mal zeigen, dass sich dieses Feld textlich sehr gut beackern lässt.

Schon bei der Reservierung, falls es das (externe) Reservierungssystem zulässt, sollte der Gast einen entsprechenden Hinweis lesen, vielleicht so:

»Schön, dass Sie zu uns kommen wollen! Wir reservieren Ihnen den Tisch am DATUM um UHRZEIT für ANZAHL Personen. 48 Stunden vor Ihrem Besuch setzen wir unsere bewährte Kulinarik-Maschinerie für Sie in Gang: Der Küchenchef Lars Larson bespricht mit der Sous-Chefin Maja Maier die Menüfolge. Dabei werden eventuelle Unverträglichkeiten und besondere Wünsche berücksichtigt. Der Restaurantleiter Paul Paulsen informiert sein 5-köpfiges Serviceteam und bucht ggf. unsere Stand-by-Servicekräfte hinzu. Unser Hausmeister Oren Kowalski gibt der Auffahrt, den Parkplätzen und dem Eingangsbereich den letzten Schliff. – Sollen wir weitererzählen? Ein insgesamt 25 Mann starkes Team wird dafür sorgen, dass Sie und Ihre Begleitung sich bei uns mehrere Stunden lang sehr wohlfühlen werden. **Wir haben nur eine kleine Bitte an Sie:** Sollten Sie den gebuchten Termin nicht wahrnehmen können, sagen Sie Ihr gastronomisches Erlebnis bitte allerspätestens 48 Stunden vorher ab. (Schade wäre es trotzdem, denn alle 25 Mitglieder unseres kulinarischen Teams machen ihre Arbeit sehr gerne und freuen sich sehr auf Sie.)«

Sollte ein Gast tatsächlich rechtzeitig stornieren, darf auch hier eine gute Textbotschaft nicht fehlen. Vielleicht so: »Wie schade, dass Sie nicht kommen können! Wir halten in unseren Vorbereitungen inne und nehmen den Faden wieder auf, sobald Sie sich wieder melden. Wir freuen uns auf Sie!«

Und wenn der worst case eintritt? Habt ihr euch entschieden, die Kreditkarte des Gastes zu belasten, wenn er trotz Reservierung nicht erscheint (hoffentlich hat er seine Kreditkartendaten hinterlegt), wäre auch hier ein guter Text angebracht. Du weißt ja nie, warum der Gast nicht kommt. Vielleicht ist tatsächlich etwas Dummes oder Schlimmes dazwischengekommen. Bleib freundlich und komm auf keinen Fall mit der moralischen Keule. Dein Text könnte z. B. so lauten:

»Schade, Ihr gebuchtes Abendessen mit XX Personen am XX Datum um XX Uhr hat nicht geklappt. Wie zuvor vereinbart, belasten wir Ihre Kreditkarte mit XX Euro, damit wir zumindest einen Teil der uns entstandenen Kosten decken können. Aber das Wichtigste zum Schluss: Wir hoffen sehr, dass wir Sie bald tatsächlich leibhaftig bei uns bewirten dürfen. Wir sind nämlich einfach gerne für Sie da.«

JETZT MACH!

1. Spiel mal die ganze Kette durch, die der Gast von der ersten Anfrage bis zur Abreise durchläuft. An welchen Punkten erhält er von euch eine Benachrichtigung oder Aufforderung?
2. Diese Berührungspunkte sind deine Basis für eine Text-Offensive, die den Gast gleich von Anfang an begeistern soll. Schmeiß alle Floskeln raus, dulde keine langweilige Behördensprache und setze individuelle Formulierungen ein. Lass jemanden gegenlesen.
3. Kurzer Abgleich: Auf welchen Portalen seid Ihr präsent? – Auf keinen? Warum zum Teufel nicht? Oder hat das vielleicht Methode? (Dann wäre es ein Anlass für einen Text auf der Website.)
5. Liste die Buchungsportale und Reservierungsplattformen auf und mach eine kurze Stichprobe, wie dein Betrieb sich textlich darauf präsentiert.
6. Kaum? Zu kurz? Zu lang? Zu langweilig? Du weißt, was du zu tun hast. Zehn Worte, zehn Worte, zehn Worte.
7. Entwirf sicherheitshalber einen netten E-Mail-Text, der No-Shows vorbeugen könnte. Wenn das kein Thema bei euch ist, vergiss es gleich wieder.

# TEXTNACHRICHTEN SCHREIBEN
BEGEGNE DEM GAST AN SEINEM LIEBLINGSORT, DEM SMARTPHONE

DAS KAPITEL IN 7 SEKUNDEN

* Fast alle Gäste haben ein Smartphone dabei und checken zwischendurch ihre Nachrichten. Am häufigsten werden dabei WhatsApp und der Messenger von Facebook genutzt.
* Studien belegen, dass Gäste gerne digital mit dem Hotel und/oder Restaurant kommunizieren, vorausgesetzt, der Service von Mensch zu Mensch stimmt.
* Kurze Textnachrichten bewirken eine hohe Zufriedenheit und fördern die Kauflust der Gäste.
* Auch bei den Textnachrichten gelten bestimmte Schreibregeln und Umgangsformen, die unbedingt beachtet werden sollten.
* Klassische erste Anlässe zur Kontaktaufnahme via Textnachricht sind Vorabinformationen zum Aufenthalt, z. B. zur Wetterlage, Parkplatzangebot, spezielle Menü-Empfehlungen etc.

Es ist nun mal so: Dein Gast hängt viel am Handy und schätzt gleichzeitig die direkte Kommunikation. Zahlreiche Studien belegen das. Selbstverständlich gibt es individuelle Vorlieben. Aber bedenke: Mit Abstand am beliebtesten ist das Gespräch, das dein Gast Aug in Aug mit dir oder deinen Leuten führt. An zweiter Stelle stehen jedoch schon die digitalen Kanäle wie E-Mails und Textnachrichten. Für dich interessant: SMS, WhatsApp und Facebooks Messenger, denn die nutzen Gäste am häufigsten.

DAS VERFÜHRUNGSPOTENZIAL KURZER TEXTE

Warum gerade Textnachrichten? Eigentlich logisch: Wenn dein Gast im Urlaub ist oder sich eine kleine Auszeit beim Essen nimmt, wird er eher kurze Nachrichten checken (wenn überhaupt), als sich um sein E-Mail-Postfach zu kümmern. SMS, WhatsApp, iMessage und Facebook Messenger werden auch in Zeiten des Entspannens von Gästen regelmäßig abgerufen. Dies allein schon deshalb, weil die meisten Smartphone-Nutzer für diese Dienste »Push-Nachrichten« (Kurze Info auf dem Sperrbildschirm des Smartphones, dass eine Textnachricht eingegangen ist) aktiviert haben.

Kaum einer widersteht der Versuchung, eine Textnachricht schnell mal zu öffnen. Umgekehrt gilt auch: Eine WhatsApp ist viel schneller geschrieben als die Antwort auf eine E-Mail. Aber: Die E-Mail ist insgesamt noch (!) der wichtigste digitale Kommunikationskanal für deine Gäste (Buchungsbestätigung, Anfragen, Angebote usw., vgl. **KAPITEL 18**).

Mit digitalen Textnachrichten kommunizierst du in Echtzeit mit deinem Gast. Der fühlt sich persönlich angesprochen, denn die Textnachricht ist ja nur für ihn gedacht. Allein schon deshalb solltest du die Nachrichten individuell verfassen und nicht nur aus Textbausteinen zusammensetzen. Das haben wir häufig gesehen, z. B. bei Buchungsbestätigungen, und das ist doch wenig prickelnd.

STUDIEN BELEGEN: GÄSTE KOMMUNIZIEREN GERNE DIGITAL

Dieses Ergebnis einer Studie ist echt interessant: »Gäste, die über Textnachrichten-Dienste und über soziale Medien kommunizieren, sind statistisch gesehen zufriedener im Vergleich zu denjenigen, die nicht auf diese Mittel zurückgreifen.« (Studie HHN) Holla, jetzt aber nix wie ran und diesen Kanal bespielen! Er ist enorm wichtig, denn er ist Teil des Customer Relationship Managements [CRM, Kundenbeziehungsmanagement]. Fang am besten gleich an und setze Textnachrichten als Teil deiner Kommunikationsstrategie bei der Gästebetreuung ein.

Vorab zugeschickte Infos zum Aufenthalt stoßen tatsächlich auf das Wohlwollen der Gäste (vgl. auch **KAPITEL 18**). Vorfreude wird aufgebaut, Missverständnisse vermieden, praktische Hinweise garantieren einen reibungslosen Ablauf.

Und noch mal Infos aus einer schlauen Studie: Bietet ein Betrieb seinen Gästen einen Messenger-Kanal während ihres Aufenthalts an, ordern die Gäste z. B. viel großzügiger Speisen und Getränke aufs Zimmer oder bestellen spontaner, z. B. Spa-Anwendungen. Die Hürde, eine Textnachricht zu schreiben, empfinden die Gäste als wesentlich niedriger, als zum Telefonhörer zu greifen. Viele Gäste möchten partout nicht telefonieren und dann womöglich in einer Warteschleife hängen. Eine Textnachricht dagegen geht blitzschnell – pass dich diesem Nutzerverhalten an. Da schlummert echtes Verkaufspotenzial.

http://careers.ihg.com/articles/addressing-paradoxes-age-i-best-practices

Jüngere Gäste können sich gut vorstellen, auf das klassische Einchecken zu verzichten und sich auf einen Check-in einzulassen, der komplett elektronisch abläuft. Gerade mit dem Smartphone liegt ein mobiles Einchecken nahe, mit dem sich auch die Zimmertür öffnen lässt.

Das ist die technische Seite. Doch was bedeutet das fürs Texten? Jeder elektronische Check-in-Prozess muss durch gute Texte begleitet werden. Es wird einen großen Unterschied machen, ob der Gast auf dem Display seines Smartphones Variante A oder B stehen sieht:

➜ **Variante A:** Ihr Zimmercode lautet TZ123456.

➜ **Variante B:** Dies ist Ihr persönlicher Zimmercode: TZ 12 34 56. Geben Sie diesen Code in die Tastatur links neben Ihrer Zimmertür ein. Genießen Sie Ihren Aufenthalt! Für alle Ihre Fragen ist Paula zuständig, die Sie jederzeit unter paula@musterhotel erreichen.

IN ECHTZEIT KOMMUNIZIEREN

Die mobile Kommunikation ist deine Chance, nicht dein Feind: Während des gesamten Aufenthaltes kannst du mit dem Gast in Echtzeit kommunizieren. In der Hotellerie ist die Interaktion mit dem Gast in der Regel an einer Stelle am intensivsten: beim Check-In. Für jeden digitalen Service bedeutet dies, dass man mit einfachen, aber sehr gut gemachten Text-Lösungen großartige Kommunikation mit dem Gast herstellen kann. Wenn du an dieser Stelle bereits seine E-Mail-Adresse oder, besser noch, seine Smartphone-Nummer abgefragt hast, kannst du sofort einen digitalen Check-out anbieten. Wichtig ist jedoch immer, dass der Gast die Wahl hat. Möchte er lieber zur Rezeption? Oder an einen Terminal in der Lobby? Oder via Smartphone auschecken?

Wie schön, wenn der Gast im Anschluss an seinen Aufenthalt oder nach einem längeren Gespräch am Telefon eine SMS oder eine andere Textnachricht aufs Handy bekommt: »Hallo! Wir haben gerade telefoniert. Falls Sie mich zu dem Anliegen noch einmal sprechen möchten, rufen Sie die 123 4567 an. Dort können Sie einen persönlichen Rückruf durch mich bestellen. Gabriele Gärtner, Hotel zur Aue, Gästeservice.«

Bei Beschwerden oder komplizierten Anliegen: »Konnten wir Ihr Anliegen lösen? Sie können uns kostenfrei per SMS kontaktieren, indem Sie einfach auf diese SMS antworten. 1 = Ja, 2 = Nein. Falls Sie die 2 tippen: Sie können sicher sein, dass wir uns erneut kümmern werden.«

Bei Buchungen: »Lieber/sehr geehrter Gast! Schön, dass Sie sich für einen Tisch in unserem Restaurant/einen Aufenthalt in unserem Hause entschieden haben. Wir halten Sie auf dem Laufenden, zum Beispiel, wenn der Anbau fertiggestellt ist. Freundliche Grüße, Ihre Frau Mustermann bzw. Team vom Musterbetrieb.«

IMMER SCHÖN KORREKT BLEIBEN

Als Absender von Textnachrichten an deinen Gast solltest du einige Grundregeln beachten:
→ Die Anrede
Wenn du das erste Mal einen Gast via Textnachricht kontaktierst, wähle eine persönliche Anrede mit dem Namen des Gastes.
Sehr geehrter Herr Meier ...
Hallo, Frau Meier ...

In weiteren Nachrichten, vor allem, wenn sie kurzfristig aufeinander folgen, kannst du die Anrede weglassen, denn Kurznachrichten vermitteln ja den durchaus angenehmen Eindruck, es handele sich um ein analoges Gespräch, einen Dialog. Wenn du unsicher bist, schau dir an, wie du selber privat chattest. Du beginnst deine Nachrichten an Freunde und Familienmitglieder ja auch nicht fortwährend mit einer Anrede.

→ Duzen oder Siezen?
Wenn du dir dein Unternehmen anschaust: Was für eine Kultur herrscht vor? Duzt ihr eure Gäste im laufenden Betrieb? Seid ihr das hippe vegane Großstadtrestaurant? (Duzen) Seid ihr das neue Low-Budget-Designhotel? (Duzen) Das Gourmetrestaurant?

(Siezen, na klar) Das familiengeführte Hotel, in dem v.a. Businessleute absteigen? (Siezen)

Letzten Endes ist so eine Textnachricht immer sehr individuell, und daher ist viel Fingerspitzengefühl gefragt. Es kommt eben nicht nur auf die Kultur eures Hauses an, sondern vor allem auf das Selbstverständnis des Gastes. Hat die Studentin ihrer Mutter ein günstiges, angesagtes Design-Hotel gebucht und die perfekt geföhnte Dame steht im Twinset mit Perlenkette vor dir, überleg dir, ob du sie via Textnachricht mit »Hey, Katrin, was geht ab?!« anreden willst …

Wann »Sehr geehrte/r«, wann »Hallo« oder etwas ganz anderes? Hier gilt auch wieder: Grobe Linie festlegen, aber individuell nach Gast entscheiden. Das geht alles nur, wenn Zeit da ist und du keinen sehr großen Betrieb führst.

Damit es schneller geht, hier ein paar mögliche Anreden für dich:
- Sehr geehrte/r Frau/Herr
- Hallo, Frau/Herr
- Hallo, Vorname
- Hey, Vorname
- Guten Morgen/Abend, Frau/Herr/Vorname

→ Die Verabschiedungsformel
Wann ist eine Textnachricht spätestens zu Ende? Wenn Auf Wiedersehen, Tschö, Adieu oder sonstwas zum Abschied gesagt wird. Entwickelt sich über WhatsApp usw. ein »Gespräch«, brauchst du nicht jedes Mal eine Begrüßungs- und Verabschiedungsformel. Erst nach einer längeren Pause, wenn du das Gespräch wieder aufgreifst, ist der etwas herkömmlichere Rahmen angebracht, wie es der Gast aus Anschreiben und E-Mails gewohnt ist. Hier ein paar Verabschiedungsformeln für dich:
- Herzlich grüßt Ihr XY Team
- Herzliche Grüße vom XY Restaurant/Hotel
- Auf Wiedersehen und bis bald! (Gast verlässt Betrieb)
- See you …/Mach's gut/Bleib dran usw., Dein XY Team (bzw. Vorname)
- Bis später/Wir freuen uns auf Sie (Es gibt eine Veranstaltung im Hause, eine Reservierung fürs Abendessen wurde gemacht usw.)

→ Alles Kleinschreiben? Oder lieber mixen?
Wenn dir ein Teenager, ein echter Digital Native, eine Textnachricht schickt, in der alles kleingeschrieben ist, sagst du dir: Ja, klar, die machen das heute so. Vielleicht macht das ein Teil deiner Gäste auch so? Bist DU ein Digital Native? Nein? Dann lass das mit der reinen Kleinschreibung. Denk an deine Schulzeit und texte alles mit korrekter Groß- und Kleinschreibung. Damit kannst du nichts, rein gar nichts verkehrt machen. Sende im Stillen ein Dankeschön an deine/n Deutschlehrer/in und verhalte dich (dieses eine Mal wenigstens) schulkonform.

→ Rechtschreibung, Zeichensetzung
Hier gibt es nicht viel zu sagen: Verneige dich vor deinem/r Deutschlehrer/in. Kurznachrichten zu schreiben bedeutet niemals, es mit der Rechtschreibung und Zeichensetzung nicht so genau nehmen zu müssen. Du stehst als Absender für deinen Betrieb, und der nimmt es mit allem anderen doch auch sehr genau.

→ Textlänge, Satzlänge

Die alte Vorgabe des Social Media-Kanals Twitter für die Länge von Tweets [kurzen Nachrichten] ist ein sehr guter Maßstab: 140 Zeichen. Ja, wir wissen, Twitter ist sich untreu geworden und hat auf 280 Zeichen erhöht. Trotzdem. Der Gast möchte auf seinem Smartphone keine ellenlangen Textnachrichten lesen. 140 Zeichen lassen sich mit dem Auge sofort erfassen. Nachrichten in dieser Länge werden auch auf dem Sperrbildschirm von Smartphones vollständig angezeigt. Ein großer Vorteil für dich: Der User ist auch mit einem Seitenblick auf sein Handy sofort informiert und kann schnell reagieren.

Klar, dass bei dieser Vorgabe kurze Sätze besser funktionieren als lange Schachtelsätze. Jetzt kommt aber die Überraschung für dich (und deine/n Deutschlehrer/in): Die Sätze müssen keine vollständigen Hauptsätze sein. Hier darfst du – grammatikalisch gesehen – aus der Reihe tanzen. Genieße deine Freiheit.

Kurz nachgefragt, Herr Meier: Für Sie den Wagen aus der Tiefgarage holen? Ok?

Frau Müller, Ihre Reservierung heute 20.00 Uhr: Wünsche? Unverträglichkeiten? Die Küche stellt sich drauf ein. Ihr Team XY Restaurant

Hallo Sven, freie Termine im Spa. Rückenmassage, Pediküre, Aromatherapie. Interesse? Buchbar unter ›URL‹.

→ Verwenden von Emojis / Emoticons

Schwierig. Emojis sind die süßen kleinen Zeichen, die Gefühle, Orte, Dinge, Zustände symbolisieren. Wer Emojis verwendet, gibt seiner Kommunikation einen eindeutig privaten Touch. Gäste wollen aber immer noch als Gäste behandelt werden und nicht das Gefühl haben, dass ihnen der Restaurantleiter oder die Empfangschefin auf dem Schoß sitzt. Mein Rat: Reiß dich zusammen und lass das mit den Emojis. Damit bist du auf der sicheren Seite. Einzige Ausnahme: Dein Laden lässt sich aufgrund seines Namens oder seiner Ausrichtung mit einem bestimmten Emoji leicht assoziieren.

Beispiel: Champagner-Bar Schildkröte. Wenn du bei einer Textnachricht das Symbol der Schildkröte an das Ende oder an den Anfang jeder Nachricht setzt, hat dies einen hohen Wiedererkennungswert. Es drückt aber keine Gefühle aus; die respektvolle Distanz zum Gast bleibt gewahrt. (Du musst uns nur noch erklären, warum zum Teufel du deine Bar Schildkröte genannt hast.)

ALLES SO SCHÖN BUNT HIER

Gäste sind mit der Kommunikation insgesamt zufriedener, wenn sie auf unterschiedliche Weise kommunizieren können. Daher sind die Messenger-Dienste nur ein Aspekt der digitalen Kommunikation. Das hat auch was Gutes: Nicht allen deinen Mitarbeitern liegt dieser Kommunikationskanal, und sie sind froh, wenn sie sich auch woanders textlich profilieren können.

Und immer gilt die alte Weisheit: Vor Ort kommt es auf kompetente Mitarbeitende an. Huldige nicht ausschließlich dem digitalen Geräteschuppen, denn die schönsten Tablets, Smartphones und sonst was alles können kaum das wettmachen, was womöglich im Vorfeld in der analogen oder digitalen Kommunikation falsch gelaufen ist. Die freundliche und kompetente Ansprache vor Ort ist für den Gast immer noch am wichtigsten.

JETZT MACH!

1. Überprüfe, an welchen Stellen im Betrieb eine Nachricht an den Gast per SMS, WhatsApp oder Facebook-Messenger Sinn macht. Das können sein:
   - Vorab-Info vor Anreise
   - Begrüßung nach dem Einchecken
   - Infos über Events im Hause
   - Infos über besondere Arrangements
   - Begrüßung an bestimmten Feiertagen
   - Glückwünsche zum Geburtstag, Hochzeitstag etc.
   - Verabschiedung
   - Hinweis zur Verkehrslage für die Rückreise usw.
2. Bestimme eine Person im Betrieb, die für diese Nachrichten zuständig sein wird. Und dann fangt ihr mal ganz klein an.
3. Restaurant? Setzt vor dem Besuch des Gastes z. B. diese Nachrichten ab: »Falls Sie mit dem Auto kommen: Am besten parken Sie in der Schlossstraße. Bis nachher! Ihr Team vom XY Restaurant.«
4. Nach dem Besuch: »Hat Ihnen der Abend gefallen? Am 12. Mai: Sushi satt. Auf Ihre Reservierung freut sich das Team vom XY Restaurant.«
5. Hotel? Schreibt vor dem Aufenthalt an den Gast z. B. so was: »Wir freuen uns auf Sie! Das Wetter: 13° Celsius, Regenwahrscheinlichkeit 70 %. Regenschirme vorhanden. Bis morgen!«
6. Nach dem Aufenthalt: »Digital ein- oder auschecken? Was für Sie? Wir bauen unsere digitalen Services weiter aus. Ihr XY Hotel.«
7. Reagiert ein Gast erfreut auf deine Nachrichten und antwortet gar darauf, vermerke das irgendwo. Ist er empört, dass du seine Handynummer für diese Art der Kommunikation benutzt, lass zukünftig die Finger davon.
8. Du willst dir das nicht alles selbst ans Bein binden? Es gibt Anbieter, die solche Nachrichtenkanäle für dich konzipieren.

Textnachrichten

RUX

PREIS LAGEN
2017 HERBST/WINTER

RUXWEIN
HEIKE UND CHRISTOPH RUCK
HEIDENBURGSTRASSE 20
70378 STUTTGART
TELEFON 0170 4569053
RUX@RUXWEIN.DE
WWW.RUXWEIN.DE

**WEINSPRECHZEITEN
IN UNSERER WEINHALLE**
SA 10–15 UHR
UND NACH VEREINBARUNG

WEIN SPRECH

SA 10–15 UHR

ALLGEMEINE GESCHÄFTSBEDINGUNGEN

Das Angebot ist freibleibend. Mit dieser Liste verlieren alle bisherigen Listen ihre Gültigkeit. Die Preise verstehen sich einschließlich Glas und Mehrwertsteuer. Der Besteller erkennt mit der Auftragserteilung diese Bedingungen an.

1. Versand
Der Postversand erfolgt im 3er, 6er und 12er Karton. Kostenpauschale pro Karton 8,00 €. Speditionsversand erfolgt im 6er Einwegkarton. Der Versand erfolgt auf Gefahr und Rechnung des Käufers. Lieferung ab 60 Flaschen frei Haus. Versandlieferungen sind sofort nach Erhalt auf Vollständigkeit und Beschädigung zu prüfen. Mängel müssen auf dem Frachtbrief vermerkt ... Unterschrift des Anlieferers bestätigt ... ... werden.

2. Zahlungsbedingungen
Der Rechnungsbetrag ist netto ohne Abzug spesenfrei mit einem Zahlungsziel von 14 Tagen ab Rechnungsdatum zu entrichten, sofern nicht ein anderes Ziel vereinbart ist. Einzelungskosten von Schecks gehen zu Lasten des Bestellers. Bei Zahlungsverzug behalten wir uns vor Verzugszinsen in Höhe von 5% über dem jeweiligen Diskontsatz zu berechnen. Erstbestellungen werden per Nachnahme oder Vorauskasse verrechnet. Unser Eigentumsrecht angelieferter Ware besteht bis zur vollständigen Bezahlung. Erfüllungsort für Lieferung und Zahlung ist Stuttgart, Gerichtsstand ist Stuttgart.

3. Ausfällungen von Weinsteinkristallen ... und thermolabilem Eiweiß ist ein natürlicher Vorgang bei der Lagerung und wirkt sich nicht nachteilig auf den Geschmack und oder Qualität des Weines aus.

RIESLING

2016

**ENDERSBACHER WETZSTEIN
RIESLING »WETZSTEIN«
QUALITÄTSWEIN TROCKEN**
UNSER GUTSRIESLING AUS BIOTRAUBEN
A: 12,0% VOL., Z: 8,4 G/L, S: 8,0 G/L
0,75L / 9,00 € BRUTTO   0,75L / 7,56 € NETTO

**CANNSTATTER ZUCKERLE
RIESLING
QUALITÄTSWEIN TROCKEN**
VIELSCHICHTIGER RIESLING MIT LAGENCHARAKTER
A: 12,0% VOL., Z: 7,8 G/L, S: 7,5 G/L
0,75L / 11,00 € BRUTTO   0,75L / 9,24 € NETTO

**CANNSTATTER ZUCKERLE
RIESLING ALTE REBEN
QUALITÄTSWEIN TROCKEN**
LEGENDÄR ... IS COMING SOON !
A: 13,0% VOL., Z: 4,0 G/L, S: 7,7 G/L
0,75L / 14,00 € BRUTTO   0,75L / 11,76 € NETTO

2015

**ENDERSBACHER WETZSTEIN
RIESLING »GOLD«
AUSLESE RESTSÜSS**
UNSER ERSTER RESTSÜSSER RIESLING, OBWOHL EWIG HALTBAR, JETZT SCHON GUT!
A: 8,5% VOL., Z: 82,6 G/L, S: 7,5 G/L
0,75L / 25,00 € BRUTTO   0,75L / 21,01 € NETTO

TROLLINGER

2015

**CANNSTATTER ZUCKERLE
TROLLINGER »KLEINER NIMBUS«
QUALITÄTSWEIN TROCKEN**
EIN RIESIGER FRUCHTCOCKTAIL, ANIMIEREND!
A: 12,5% VOL., Z: 0,2 G/L, S: 3,9 G/L
0,75L / 8,50 € BRUTTO   0,75L / 7,14 € NETTO

**CANNSTATTER ZUCKERLE
TROLLINGER »NIMBUS«
QUALITÄTSWEIN TROCKEN**
EIN TROLLINGER VOM ANDEREN STERN, VON 100-JÄHRIGEN REBEN. RARE SACHE!
A: 12,5% VOL., Z: 0,8 G/L, S: 4,6 G/L
0,75L / 18,00 € BRUTTO   0,75L / 15,13 € NETTO

CHARDONNAY

2015

**ENDERSBACHER WETZSTEIN
CHARDONNAY
QUALITÄTSWEIN TROCKEN**
BIRNE UND ORANGENBLÜTE, RUX ANTWORT AUF CHABLIS!
A: 12,5% VOL., Z: 1,4 G/L, S: 8,4 G/L
0,75L / 14,00 € BRUTTO   0,75L / 11,76 € NETTO

LEMBERGER

2014

**CANNSTATTER ZUCKERLE
LEMBERGER
QUALITÄTSWEIN TROCKEN**
UNSER BESTER LEMBERGER AUS DER TERRASSIERTEN STEILLAGE EIN »CRAFT WEIN«!
A: 13,0% VOL., Z: 1,3 G/L, S: 5,6 G/L
0,75L / 14,00 € BRUTTO   0,75L / 11,76 € NETTO

SAUVIGNON BLANC

2016

**SAUVIGNON BLANC
SCHWÄBISCHER LANDWEIN TROCKEN**
SCHÖN GRÜN!
A: 12,5% VOL., Z: 3,3 G/L, S: 6,9 G/L
0,75L / 12,00 € BRUTTO   0,75L / 10,08 € NETTO

DORNFELDER UND CUVÉE

2014

**HEIDENBURG ROTWEINCUVÉE
QUALITÄTSWEIN TROCKEN**
UNSER GRUNDSOLIDER ALLTAGSROTWEIN FÜR DIE »NICHT TROLLINGER FRAKTION«!
A: 12,5% VOL., Z: 1,9 G/L, S: 4,8 G/L
0,75L / 8,50 € BRUTTO   0,75L / 7,14 € NETTO

**DRY AGED
MÜNSTER BERG DORNFELDER
QUALITÄTSWEIN TROCKEN**
24 MONATE GUT ABGEHANGEN IM BARRIQUEFASS
A: 13,0% VOL., Z: 3,1 G/L, S: 5,4 G/L
0,75L / 14,00 € BRUTTO   0,75L / 11,76 € NETTO

ROSÉ

2016

**»HERR RÖSLEIN«
TROLLINGER ROSÉ
QUALITÄTSWEIN TROCKEN**
DER SOMMERWEIN, DER AUCH IM WINTER SCHMECKT!
A: 12,5% VOL., Z: 2,7 G/L, S: 5,6 G/L
0,75L / 6,50 € BRUTTO   0,75L / 5,46 € NETTO

SPÄTBURGUNDER

2015

**CANNSTATTER ZUCKERLE
SPÄTBURGUNDER
QUALITÄTSWEIN TROCKEN**
FINESSENREICHER SPÄTBURGUNDER AUS UNSEREN STEILEN LAGEN AM MAX-EYTH-SEE!
A: 13,0% VOL., Z: 1,6 G/L, S: 5,1 G/L
0,75L / 15,00 € BRUTTO   0,75L / 12,61 € NE...

TRESTERBRAND

2014

**TRESTERBRAND
SELBSTGEBRANNT AUS BESTER ROTWEINTRESTER**
SCHMECKT FEIN NUSSIG UND SEHR MILD!
0,5L / 20,00 € BRUTTO   0,5L / 16,80 € NETTO

A: ALKOHOL, Z: ZUCKER, S: SÄURE

PREIS LAGEN
2017 HERBST/WINTER

E-MAILS UND NEWSLETTER
DAS DIGITALE ANSCHREIBEN ALS BELIEBTESTER KANAL

DAS KAPITEL IN 7 SEKUNDEN

* E-Mails sind wie Geschäftsbriefe. Sie brauchen eine ordentliche Form.
* Die Betreffzeile muss den Inhalt der E-Mail direkt benennen. Der Text an sich sollte kurzgefasst sein.
* »Harte Anlässe« wie Buchungsbestätigungen und erwünschte Auskünfte sind die richtigen Inhalte für E-Mails.
* »Weiche Anlässe« wie Infos übers Haus oder Neuigkeiten aus dem Team passen besser in einen Newsletter.
* Visuell gut gemachte Newsletter lassen sich über verschiedene Newsletter-Programme sehr leicht umsetzen.
* Rechtliche Vorgaben müssen beim Newsletter-Versand unbedingt eingehalten werden. Moderne Newsletter-Tools bieten Rechtssicherheit.
* Standardisierte Texte wie An- und Abmeldebestätigungen lassen sich für jeden Betrieb individualisieren. Leser wissen das zu schätzen.

Die einen empfinden Briefe, die auf Papier per Post eingehen, als veraltet. Die anderen betrachten sogar E-Mails schon als olle Kamellen und bevorzugen Messenger-Dienste wie WhatsApp und Facebook Messenger. Fakt ist: Zur Zeit ist die Kommunikation via E-Mail (und dazu gehört auch der Newsletter) der bei den Gästen beliebteste Kanal. Das belegen zahlreiche Studien immer wieder. Grund genug, sich dieses Medium einmal vorzuknöpfen.

NICHT VERGESSEN: E-MAILS SIND BRIEFE

E-Mails wurden früher als elektronische Briefe bezeichnet. Da haben wir es: Im Grunde sind sie nichts anderes als Geschäftsbriefe, nur eben digital. Das bedeutet, dass du auf einige Elemente nicht verzichten kannst:
* eine ordentliche Betreffzeile
* Datum und Uhrzeit (liefert das E-Mail-Programm automatisch)
* eine passende Anrede
* einen ausformulierten Textteil
* eine angemessene Verabschiedungsformel
* einen Absender (E-Mail-Signatur)
* ggf. einen Hinweis auf Anhänge

Was du nicht brauchst, ist ein P. S. – das stammt aus den Zeiten der Schreibmaschine, als sich ein Gedanke später nicht mehr in den bereits getippten Text einfügen ließ und man stattdessen ein »Post Scriptum«, eine nachträgliche Notiz, hinterherschob. Kurz der Reihe nach:

→ **Ordentliche Betreffzeile:** Tagtäglich müssen wir viel zu viele E-Mails checken, also wollen wir wenigstens schnell wissen, ob eine Mail relevant ist oder nicht. Die Betreffzeile ist die einzige Chance, deinem Leser klarzumachen, dass er die Nachricht besser öffnen sollte. Schickst du deinem Gast eine Buchungsbestätigung bzw. generiert dein Online-Buchungssystem eine solche selbstständig, dann sollte in der Betreffzeile stehen: »Ihre Buchung für den DATUM«, aber nicht »Anfrage« oder »Unser Angebot«.

→ **Datum und Uhrzeit**: Die werden zum Glück über jedes E-Mail-Programm automatisch generiert und erleichtern die Auffindbarkeit jeder Nachricht erheblich.

→ **Passende Anrede**: Der Klassiker wäre hier »Sehr geehrte/r Frau/Herr Nachname«. Damit gehst du auf Nummer sicher. Schreibst du einen Stammgast an, könntest du auch mit »Liebe/r« beginnen. Solltest du das Low-Budget-Hostel in der Großstadt sein, wirst du wohl eher mit »Hallo« und dem Vornamen beginnen. Entscheide du! Du kennst die Kultur deines Ladens.

→ **Ausformulierter Textteil**: Stichpunkte sind tabu, ebenso Abkürzungen, Smileys, Emojis und anderes hippes Zeugs. Denke immer dran, dass deine E-Mail ein Brief ist. Formuliere die Sätze aus, mach Absätze und denk einfach ein bisschen an deinen Deutschunterricht in der Schule zurück. (Hoffentlich hattest du einen guten.) Was du im Unterschied zum Brief auf jeden Fall machen solltest: dich kurzfassen. Am Bildschirm lange Texte zu lesen ist für die meisten von uns ziemlich öde.

→ **Angemessene Verabschiedungsformel**: Hier gilt derselbe Grundsatz wie bei der Anrede: Mit einem »Freundliche Grüße« liegst du nie verkehrt. Je nachdem, wie dein Laden drauf ist, kannst du auch variieren: Herzlichst, Auf Wiedersehen in Bad Belzig, Schönste Grüße, Bis bald usw.

→ **Absender (E-Mail-Signatur)**: Bei der E-Mail hast du keinen Umschlag, auf den du deinen Absender schreiben kannst, deshalb muss die Signatur dafür herhalten. Wenn du eine geschäftliche E-Mail schreibst, sind bestimmte Angaben sogar Pflicht:
- ✓ Vollständiger Name des Schreibenden
- ✓ Funktion innerhalb des Betriebes
- ✓ Vollständiger Name des Betriebes, inklusive Rechtsform
- ✓ Vollständige Adresse
- ✓ Telefonnummer
- ✓ Wiederholung der E-Mail-Adresse, von der du aussendest bzw. eine andere E-Mail-Adresse, unter der der Leser deinen Betrieb erreichen kann
- ✓ (optional, je nach Rechtsform des Betriebes) Registergericht und Registernummer (in Österreich: Firmenbuchgericht und -nummer); bei GmbH und AG müssen der Geschäftsführer / Vorstandsvorsitzende und Aufsichtsratsvorsitzender mit in die Signatur.

➔ **Hinweis auf Anhänge (wenn vorhanden)**: So wie es im Brief unter der Unterschrift »Anlagen« heißt, solltest du auch in der E-Mail auf Anhänge hinweisen. Nicht jeder Leser erkennt sofort, dass an der E-Mail noch etwas dranhängt. Außerdem ist es höflich, die Anhänge mit ihren Bezeichnungen aufzuzählen, damit der Empfänger sofort einen Überblick hat.

ANLÄSSE FÜR E-MAILS

Wenn du einfach so eine E-Mail an deinen Gast schickst, wird ihn das wahrscheinlich nerven. Geht es aber um etwas Handfestes wie eine Buchungsbestätigung, ist der Empfänger gewillt, die E-Mail zu öffnen. Sogenannte »harte Anlässe« können sein:
- Angebot, nachdem eine Anfrage eingegangen ist
- Informationen zu einem Arrangement, nachdem eine Anfrage eingegangen ist
- Auskunft zu Inhaltsstoffen, nachdem danach gefragt wurde
- Buchungsbestätigung
- Tischreservierung
- Rechnung
- Anfahrtsbeschreibung
- Belege nach Abreise

Auf eine sehr charmante Art informiert das La Maison hotel seine Gäste im Vorfeld ihres Aufenthalts. Es geht um einen möglicherweise problematischen Punkt, der jedoch schon in der vorab geschickten E-Mail ehrlich angesprochen wird. Gleichzeitig wird dem Gast die Lösung präsentiert. Das ist authentische Kommunikation auf Augenhöhe:
»Sehr geehrter Herr Mustermann,
wie freuen uns, dass Sie bald im La Maison Hotel zu Gast sind. Gerne möchten wir Sie kurz vorab informieren: Zum Zeitpunkt Ihres Aufenthalts findet auch eine Hochzeitsfeier bei uns im Haus statt, denn lebendige und gesellige Momente gehören genauso zu La Maison Hotel wie Ungestörtheit und Ruhe. Deshalb werden wir für Sie selbstverständlich ein Zimmer möglichst abgelegen vom Ort der Feier vorsehen, sofern unsere Buchungslage dies zulässt.
Haben Sie noch Fragen oder Wünsche? Sprechen Sie uns doch einfach jederzeit an!
Mit besten Grüßen aus Saarlouis
www.lamaison-hotel.de

Bei sogenannten »weichen Anlässen« geht es um Informationen, auf die der Gast nicht zwingend wartet. Meist gehen dem keine Anfragen von Seiten des Gastes voraus. Hier ist ein wenig Fingerspitzengefühl notwendig, damit du dem Gast nicht auf den Wecker gehst. Weiche Anlässe könnten unter anderem sein:
- Veränderungen im Betrieb (z. B. Erweiterung des Hauses)
- Saisonale Angebote
- Hinweise auf neue Arrangements
- Veranstaltungen, Events
- Neue Teammitglieder

Wenn du regelmäßig etwas zu weichen Anlässen zu sagen hast, lohnt es sich, einen Newsletter auszusenden.

NEWSLETTER, DIE TATSÄCHLICH GELESEN WERDEN

Newsletter ist nicht gleich Newsletter. Nicht traurig sein: Die meisten werden sowieso ungeöffnet in den Papierkorb verschoben. Eine Öffnungsrate von 10 Prozent ist schon ganz in Ordnung. Aber geht da noch mehr. Darauf hast du Einfluss, wenn du ein paar Dinge beherzigst:

Knusprig muss so ein Newsletter aussehen, es muss Freude machen, ihn sich anzuschauen. Achte auf eine Top-Bildauswahl. Manchmal reicht ein einziges gutes Foto, um zu Lesen zu verlocken. Starte mit einem guten Bild und einer knackigen Headline. Wenn du deinen Lesern gleich zu Anfang eine Bleiwüste zumutest, sind sie abgetörnt, und dein Newsletter landet im Papierkorb. Mit den vielen Fertig-Vorlagen [Templates], die dir Newsletter-Programme bieten, kannst du aber gar nicht viel verkehrt machen. Achte auf ein ausgewogenes Verhältnis von Bild und Text.

Kümmere dich um eine wiedererkennbare Struktur. Wenn du z. B. mit einem Foto von deinem Betrieb anfängst (und dein Betrieb gibt genug an Bildmaterial her), bleib dabei. Starte jeden neuen Newsletter mit einem Foto von deinem Laden, immer wieder aus einem anderen Blickwinkel. Der Leser lernt schnell das Prinzip und erkennt dich als Absender und vertrauenswürdige Quelle. Hast du ein bestimmtes Prinzip für Überschriften gefunden oder beendest du zum Beispiel jedes Mal deine Botschaft mit einem Tipp für deine Gäste, behalte das ebenfalls bei. Wiederkehrende Strukturen schaffen Vertrauen.

Wie immer gilt: guten Content finden, und zwar nach dem berühmten Prinzip »Information, Weiterbildung, Unterhaltung« (vgl. **KAPITEL 16**). Wenn du nichts Interessantes zu sagen hast, lass die Finger vom Newsletter. Sende erst wieder einen aus, wenn es echte Inhalte gibt.

Das führt uns zur Frage nach der angemessenen Häufigkeit von Newslettern. Die Antwort: Es kommt darauf an. Vier Mal im Jahr kann nicht schaden; wenn es häufiger wird, musst du wahrscheinlich zwischendurch immer mal wieder Material sammeln und einen Redaktionsplan machen, damit du die Aussendungen im Griff behältst. Betreibst du eine Salatbar und dein Menü wechselt jede Woche, dann kannst du deine Speisekarte auch wöchentlich via Newsletter verschicken. In diesem Fall beschränkst du dich halt auf die Speisen-Infos und erzählst nicht noch davon, wer seit gestern der neue Spüler bei dir in der Küche ist.

DIESE BETRIEBE VERSENDEN REGELMÄSSIG GUT GEMACHTE NEWSLETTER:
Das **Restaurant Friedrich** in Osnabrück versendet vier Mal im Jahr schlichte, gut layoutete Newsletter, die über die gastronomischen Angebote, Kochkurse und andere Events informieren.
www.friedrich-osnabrueck.de

Das **Weingut Tement** in der Südsteiermark hält seine Leserschaft mit gut durchdachten Newslettern auf dem Laufenden. Sie berichten als Winzer vom Wetter, von der Organisation des Weingutes, von der Historie – sie lassen ein rundes Bild entstehen und machen das ganze Universum hinter der einzelnen Weinflasche für den Leser erfahrbar.
www.tement.at

Der **Maître Fromager Schreier** mit seinem Online-Shop »Käsereich Frankreich« wagt sich an humorvolle Texte. So hieß es einmal nach der Sommerpause 2017: »Hurra! Wir dürfen wieder arbeiten! Wie Sie sicher aus eigener Erfahrung wissen, ist man jedes Mal froh und glücklich, wenn die Zeit des süßen Dahingleitens endlich vorbei ist. So sind wir rechtzeitig wieder in Singen eingetroffen und haben alles für den Re-Start für morgen Dienstag, den 5. September vorbereitet.«
www.kaesereich-frankreich.de

Das Restaurant und Hotel Storchen in Bad Krozingen versendet sehr kurze Newsletter, die den Leser mit gut gesetzten Worten zur jeweiligen Saison umhüllen.
»HERBSTBALSAM im Storchen
Das Laub färbt sich und die Tage werden kürzer. Die Zeit für kulinarische Seelenschmeichler zieht langsam ein – der Duft von Bauernente aus dem Ofen zieht durch das Haus, der Kachelofen will befeuert werden und wohlige Wärme verbreiten.
Zeit, Körper und Seele zu verwöhnen – vielleicht bei unserem
Arrangement HERBSTBALSAM
• 1 Übernachtung im Doppelzimmer Deluxe
• das erweiterte kontinentale Frühstück am Tisch serviert
• Eintritt in das Thermalbad Vita Classica in Bad Krozingen mit Nutzung des Saunaparadies
• feines 3 Gang Herbstmenü aus der Storchenküche
Wir freuen uns Sie willkommen zu heißen!
Ihre Familie Helfesrieder & Team«
www.storchen-schmidhofen.de

Der Weinhändler Dr. Lutz Krämer von Finkenweine aus Berlin-Falkensee begeistert seine Leser durch einen guten Mix aus Wein-Kennerschaft und fröhlichem Erzählen seiner Begegnungen mit hochkarätigen Winzern.
»Vor mir steht die nur in herausragenden Jahrgängen erzeugte Selection Pomone 2015von der Domaine Parent. Ich denke unwillkürlich an Antonio Galloni, der über 2015 Burgund sagte: »You are so going to want them!« Besser kann man nicht beschreiben, was sich da im Glas abspielt. Dieser nahezu erotisch anmutende Ausbund an Strahlkraft, Vitalität und Lust berauscht die Sinne. Die beiden Parent-Erbinnen haben vieles behutsam verbessert, ohne dabei ihre Wurzeln und Traditionen

zu verlassen oder den sehr guten Weinen ihres Vaters die kalte Schulter zu zeigen. Nach biologischer Weinbergsarbeit ist man inzwischen von der Biodynamie überzeugt, und das Demeter-Siegel wird schon bald die Flaschen schmücken. Im Keller werden die Trauben entrappt, wenn der Jahrgang die Kerne nicht reif werden lässt. In großen Jahren wie 2015 bleibt hingegen ein Teil der Trauben unentrappt, und das ist auch gut so! Das verhilft zu einer besseren Maischung, und im Glas des Weinkenners entsteht dieses Parfum, welches man durch geschlossene Türen riecht. Heimlichtrinkerei funktioniert in dieser Liga nicht!«

www.finkenweine.de

DIE TECHNISCHE SEITE

Zum Glück gibt es hilfreiche Werkzeuge, um Newsletter aufzusetzen. Newsletter-Programme helfen dir, Adressen zu verwalten und ein schickes Layout zu finden. Du kannst Aussendungen vorbereiten und auf einen bestimmten Zeitpunkt terminieren. Angeschlossene Analysetools helfen dir beim Auswerten, z.B. wie viele Newsletter überhaupt geöffnet wurden oder wie hoch die Klickrate bei einzelnen Links war, die du in den Newsletter eingebaut hast. Die Programme sind mittlerweile so einfach zu bedienen, dass du direkt loslegen kannst. Hier eine Auswahl von bewährten Tools:

- awerber.com
- cleverreach.de
- getresponse.de
- mailchimp.com
- newsletter2go.de
- rapidmail.de

AN DEN KLEINKRAM DENKEN

Niemand darf zum Newsletter-Glück gezwungen werden. Du musst dem Interessierten die Möglichkeit geben, sich aktiv selbst anzumelden (sogenannte Opt-in-Funktion). Du darfst den Haken nicht schon selbst im System gesetzt haben und dadurch den Nicht-Interessierten zwingen, sich aktiv austragen [sogenannte Opt-out-Funktion]. Letztere Funktion ist in Deutschland, der Schweiz und in Österreich rechtlich nicht zulässig. Hat der Interessent sich für deinen Newsletter eingetragen, muss er eine Bestätigungs-E-Mail erhalten, um sicher zu gehen, dass nicht jemand anderer ihn zwangsbeglücken will. Dieser Ablauf ist rechtlich bindend. Aber die praktischen Newsletter-Programme leiten dich rechtssicher durch genau diese Prozesse hindurch, also immer schön locker bleiben.

In jedem Newsletter muss es auch die Möglichkeit geben, sich durch Klick auf ein gut erkennbares Feld abzumelden. Außerdem braucht jeder Newsletter eine Signatur, besser noch einen Footer [Bereich unten im Newsletter-Template]. In diesem Footer stehen die wichtigsten Angaben zum Absender und zudem noch einmal der Hinweis, dass man sich jederzeit wieder abmelden kann. Im Footer kannst du auch Links unterbringen, z. B. zu deiner Facebook-Seite oder zu Instagram oder auch einfach nur direkt zur Website deines Betriebs.

Was oft vergessen wird: Die kleinen begleitenden Rückmeldungstexte, die der Interessent erhält, wenn er sich an- oder abmeldet. Diese Bestätigungstexte sind meist unsäglich langweilig, weil sie standardisiert sind. Muss aber nicht sein. Wenn du ein Newsletter-Programm benutzt, kannst du diese voreingestellten Texte individuell anpassen.

So lauten meist die Standard-Texte:

»Wir benötigen noch eine Bestätigung von Ihnen, dass Sie sich für diesen Newsletter angemeldet haben. Bitte sehen Sie in Ihrem E-Mail-Postfach nach und klicken Sie auf den darin befindlichen Link.«

Ist ja nicht verkehrt. Aber wenn du eine Sushi-Bar betreibst, könntest du es zum Beispiel auch so formulieren:

»Wow, Sie wollen Post von uns. Gut so, denn wir halten Sie über alle Sushi-News auf dem Laufenden. Jetzt noch schnell den Bestätigungs-Link in der E-Mail anklicken, die unser Sushi-Meister Ihnen gerade persönlich geschickt hat. Und schon sind Sie ein Teil unserer großen Sushi-Fan-Gemeinde. Willkommen im Club!«

DAS DING MUSS ÜBRIGENS NICHT UNBEDINGT NEWSLETTER HEISSEN

Viele Gäste haben mittlerweile eine Aversion gegen den Begriff »Newsletter«. Das ist verständlich, wenn man bedenkt, wie viele schlecht gemachte Letter dieser Art das E-Mail-Fach des Kunden strapazieren. Wie du einen guten Newsletter fabrizierst und welches die richtige Schlagzahl für deine Gäste ist, haben wir schon gesehen. Und nun nenn das Ding einfach anders, damit es Newsletter-geschädigten Skeptikern nicht gleich auf die Nerven fällt.

Das **Savigny** aus der Gruppe der Sir Hotels zum Beispiel nennt seinen Newsletter »Rundschreiben«. Ein schönes Wort, impliziert es doch, dass hier nur ein exklusiver Zirkel angemorst wird. Und wer möchte nicht zu den Insidern gehören?

www.sirhotels.com/de/savigny/rooms

Das Restaurant **Baracca**, das in Basel, Kloten und Heidelberg präsent ist, nennt seinen Newsletter »Pistenbulletin«. Das passt zum alpinen Image der Marke Baracca.

https://baracca-zermatt.ch/heidelberg/

Hier noch einige Vorschläge – vielleicht passt einer davon gut auf deinen Betrieb. Kombiniere zum Beispiel den Namen des Betriebs oder den Ort, von dem ausgesendet wird:

- Bulletin (Bernauer Bulletin)
- Post (Heinrichs Post)
- Rundbrief (Margas Rundbrief)
- News (News vom Stechlinsee)
- Schreiben (Ferienschreiben von der Pension Schmidt)
- usw.

JETZT MACH!

1. Richte dir eine ordentliche E-Mail-Signatur ein. Du kannst auch das Logo deines Betriebs oder ein Foto von dir einbinden. Das erhöht die Wiedererkennbarkeit und schafft Vertrauen.
2. Formuliere eine kurze Betreffzeile, aus der der Inhalt der E-Mail sofort hervorgeht.
3. Wenn du die Mail schreibst, denke daran, dass du im Grunde einen Brief schreibst. Wahre die Form.
4. Reserviere E-Mails für harte Anlässe wie Buchungsbestätigungen usw.
5. Pack die Inhalte für weiche Anlässe wie Infos über den Betrieb besser in einen Newsletter.
6. Abonniere ein paar Newsletter von Kollegen und sieh dir an, wie die das machen und vor allem: was sie schreiben und zeigen.
7. Wähle eines der schicken neuen Newsletter-Programme aus, bevor du deinen ersten Newsletter aufsetzt. Du wirst das nicht bereuen.
8. Stell dir ein passendes Template zusammen und behalte es bei.
9. Gib deinem Newsletter einen anderen Namen als Newsletter. Die Bereitschaft deiner Gäste, sich dafür anzumelden, wird sich erhöhen.
10. Passe die Standard-Antworttexte dem Stil deines Betriebs an. Deine Leser schätzen individuelle Texte sehr. Die merken es sofort, wenn du dir Mühe gibst, gerade an den Stellen, um die sich sonst keiner kümmert.

SOCIAL MEDIA? WORAUF WARTEST DU NOCH?

VON WEGEN LÄSTIGE PFLICHT! DIE SOZIALEN MEDIEN ALS CHANCE

DAS KAPITEL IN 7 SEKUNDEN

* Gäste informieren sich gern zu verschiedenen Aspekten eines Hotels oder Restaurants, z. B. darüber, wie stimmungsvoll das Ambiente ist. Diese Infos lassen sich gut über soziale Medien transportieren.
* Die für Hotellerie und Gastronomie wichtigsten sozialen Medien sind (zur Zeit) Facebook und Instagram.
* Bevor die Entscheidung für einen bestimmten Kanal fällt, sollte man sich über Zielgruppe und Relevanz klarwerden.
* Die Funktion von Facebook ist vor allem Infotainment und Kundenbindung. Hier ist ein Mix aus kurzem Text und (Bewegt-)Bild wichtig. Der Dialog muss gepflegt werden.
* Die Funktion von Instagram ist vor allem das visuelle Repräsentieren und der ständige Kontakt zum Kunden. Hier geht es um hochwertige Bilder, weniger um Text, dafür um aussagekräftige Titel und Bildunterschriften.
* Wenn Leser Kommentare hinterlassen, egal ob positiv oder negativ, müssen genügend Kapazitäten im Betrieb vorhanden sein, um auf diese unmittelbar zu reagieren.

Du kennst dich bestens aus in deiner Umgebung. Du kennst die schönsten Wanderouten und Radstrecken, die lohnendsten Museen und Sehenswürdigkeiten. All diese Inhalte können Buchungsportale nicht vermitteln – aber du kannst es, und du hast den Platz dafür. Vor allem in deinen digitalen Präsenzen: Website, Blog, Facebook, Instagram usw. Nutze das. Das nennt man übrigens Content-Marketing. Und das ist schon der ganze Zauber. Nicht schwierig für dich als Auskenner.

Das Restaurant **Berta Emil Richard Schneider** in Hamburg setzt beim Vermarkten seiner Inhalte von vornherein auf die sozialen Medien. Die Website ist nichts weiter als eine Visitenkarte mit Adresse und Öffnungszeiten und den Links, die direkt zu Facebook und Instagram führen.

www.berta-emil-richard-schneider.de

Für Gäste ist bekanntlich nicht immer nur der Preis ausschlaggebend, wenn sie sich für ein Hotel oder Restaurant entscheiden (außer für den Schnäppchenjäger). Zunehmend wichtiger werden Infos über die Atmosphäre, die den Gast dort erwartet. Diese weichen Faktoren lassen sich sehr gut über die Website, aber auch über die sozialen

Medien rüberbringen. Dennoch: Nimm den Druck raus, niemand »muss« auf Facebook, Twitter oder Instagram sein. Bevor du Zeit in den Aufbau eines Social-Media-Kanals investierst, überleg dir erst einmal, ob dieser digitale Kanal (zur Zeit) überhaupt relevant für euren Betrieb ist. Dafür stellst du dir am besten ein paar einfache Fragen.

Du kannst auch ein Spiel daraus machen, dann wird die Sache schon klarer.

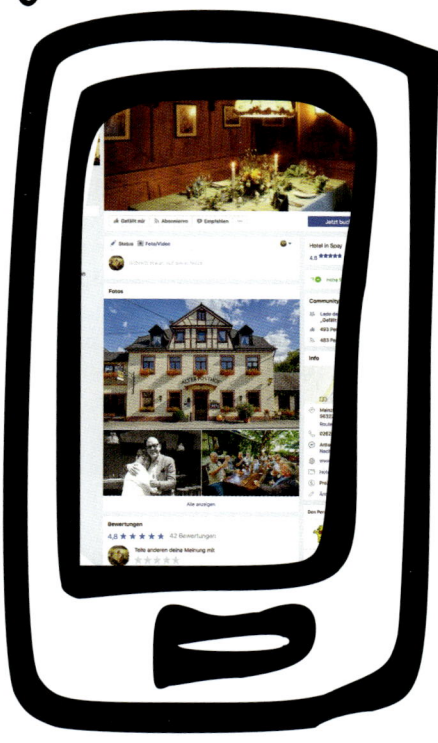

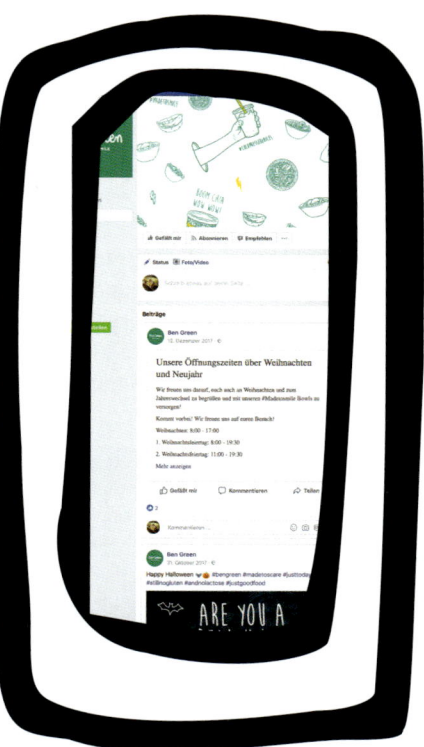

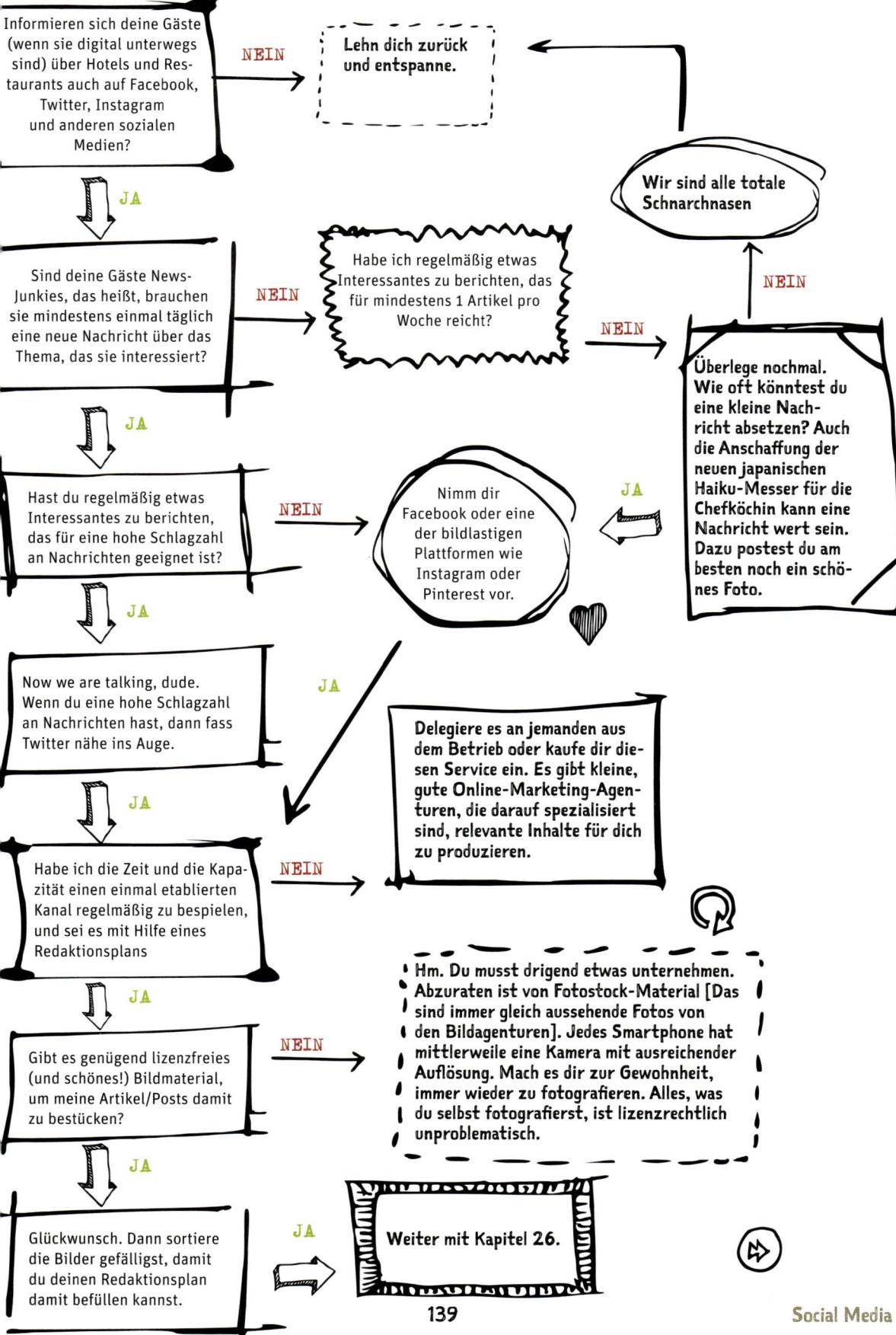

Informieren sich deine Gäste (wenn sie digital unterwegs sind) über Hotels und Restaurants auch auf Facebook, Twitter, Instagram und anderen sozialen Medien?

NEIN → Lehn dich zurück und entspanne.

JA ↓

Sind deine Gäste News-Junkies, das heißt, brauchen sie mindestens einmal täglich eine neue Nachricht über das Thema, das sie interessiert?

NEIN → Habe ich regelmäßig etwas Interessantes zu berichten, das für mindestens 1 Artikel pro Woche reicht?

NEIN → Wir sind alle totale Schnarchnasen

NEIN → Überlege nochmal. Wie oft könntest du eine kleine Nachricht absetzen? Auch die Anschaffung der neuen japanischen Haiku-Messer für die Chefköchin kann eine Nachricht wert sein. Dazu postest du am besten noch ein schönes Foto.

JA ↓

Hast du regelmäßig etwas Interessantes zu berichten, das für eine hohe Schlagzahl an Nachrichten geeignet ist?

NEIN → Nimm dir Facebook oder eine der bildlastigen Plattformen wie Instagram oder Pinterest vor.

JA →

JA ↓

Now we are talking, dude. Wenn du eine hohe Schlagzahl an Nachrichten hast, dann fass Twitter nähe ins Auge.

JA →

Delegiere es an jemanden aus dem Betrieb oder kaufe dir diesen Service ein. Es gibt kleine, gute Online-Marketing-Agenturen, die darauf spezialisiert sind, relevante Inhalte für dich zu produzieren.

JA ↓

Habe ich die Zeit und die Kapazität einen einmal etablierten Kanal regelmäßig zu bespielen, und sei es mit Hilfe eines Redaktionsplans

NEIN →

JA ↓

Gibt es genügend lizenzfreies (und schönes!) Bildmaterial, um meine Artikel/Posts damit zu bestücken?

NEIN → Hm. Du musst drigend etwas unternehmen. Abzuraten ist von Fotostock-Material [Das sind immer gleich aussehende Fotos von den Bildagenturen]. Jedes Smartphone hat mittlerweile eine Kamera mit ausreichender Auflösung. Mach es dir zur Gewohnheit, immer wieder zu fotografieren. Alles, was du selbst fotografierst, ist lizenzrechtlich unproblematisch.

JA ↓

Glückwunsch. Dann sortiere die Bilder gefälligst, damit du deinen Redaktionsplan damit befüllen kannst.

JA → Weiter mit Kapitel 26.

WELCHER KANAL WOFÜR?

Letztlich ist es auch ein wenig Geschmackssache. Diese Tabelle bietet einen guten Überblick:

KANAL	Funktion	Beschaffenheit der Texte / Inhalte
Unternehmenswebsite – ein Must-have	Digitale Visitenkarte	Mix aus kurzem Text und Bild; informativ; gut strukturiert
Blog	Erweiterte Inhalte für deine Gäste (und die Suchmaschinen)	Längere Texte; Hintergrundinfos ausbreiten; Eye-Candy
Facebook	Schnelles Informieren, das Ohr am Gast haben	Mix aus kurzem Text und (Bewegt-)Bild; viele Links einbauen; Dialog pflegen
Twitter	Visuelles Repräsentieren, Kontakt zum Gast	140 oder 280 Zeichen; tagesaktuell informieren; Querverbindungen pflegen
Pinterest, Instagram usw.	Wissen teilen, Kontakt zum Gast	Hochwertige Bilder; wenig Text; aussagekräftige Titel und Bildunterschriften
Newsletter		Themenschwerpunkte setzen; Verlinken auf andere Kanäle

Wenn du dir die Spalte mit der Funktion des jeweiligen Kanals anschaust: Welche ist für dich wichtig? Das kannst im Grunde nur du entscheiden. Wahrscheinlich ist die Funktion »Infotainment« (also die Kunst der guten Information, gepaart mit unterhaltenden Elementen) und »Kontakt zum Kunden« nicht verkehrt. Gratuliere, Facebook ist etwas für dich!

Hast du deine Wahl getroffen, sieh dir an, was das für die Bestückung des Kanals mit Texten und anderen Inhalten bedeutet. Im Grunde geht aus dieser Tabelle alles bereits hervor. Jetzt wird umgesetzt! Wir konzentrieren uns einmal auf die beiden wichtigsten sozialen Medien für Hotellerie und Gastronomie: Facebook und Instagram.

ECHTE FANS REKRUTIEREN: FACEBOOK

Die technische Seite von Facebook ist einfach und selbsterklärend. Facebook leitet dich sicher durch das Aufsetzen deiner (ersten?) Facebook-Seite. Experimentiere ein wenig herum mit Bildern, Posts und so weiter, bis du dich sicher genug fühlst, um Freunde einzuladen, die Seite mit »Gefällt mir« zu markieren. Das sind deine ersten Fans, sei lieb zu ihnen und unterhalte sie wohlgefällig. Die Gemeinde wird wachsen. Du brauchst keinen ausgeklügelten Mediaplan, um aktiv zu werden und zu bleiben. Du denkst einfach nur an die drei Säulen guter Inhalte: Information, Weiterbildung, Unterhaltung (vgl. **KAPITEL 16**).

Ein Beispiel dafür, wie ein kleiner Betrieb mit einfachen Mitteln auf Facebook für seine Zielgruppe kommuniziert, ist der Alte Posthof: Die Artikel sind sehr bodenständig und stellen immer den direkten Bezug zum Betrieb her. Gut gemacht! Ein sehr wichtiger Punkt ist die Aktualität der Posts. Da ist der Alte Posthof echt auf Zack. Immer schön dranbleiben – schneid dir davon eine Scheibe ab.

www.facebook.com/alter.posthof (486 Likes am 26.01.2018; 16:47 Uhr)

Eine weitere echte Fan-Seite ist die Facebook-Präsenz von Haus Stemberg. Woran liegt das, dass Leute diese Seite liken? Es liegt an der Nähe, die der Betrieb zum Facebook-Nutzer herstellt. Der Blick hinter die Kulissen, die freundliche Art, das Team zu präsentieren. Hier dürfen wir mit dabei sein und uns als Teil des Hauses fühlen.

www.facebook.com/HausStemberg (4966 Likes am 26.01.18; 16:48 Uhr)

NUR NOCH FACEBOOK UND NIX ANDERES? JUNGE BETRIEBE FINDEN DAS GANZ NORMAL.

Wozu eine Website unterhalten, Imageflyer drucken, E-Mails rumschicken, wenn sich meine Kunden vor allem auf Facebook tummeln? Für viele, gerade jüngere Betriebe ist Facebook der wichtigste Kontaktpunkt. Deine Energie sollte auch hierhin fließen, was gute Texte angeht.

Der schicke Lyssis Streetfood Trekker tourt durch Nord- und Ostdeutschland und weiß genau, dass die Kunden am besten über Facebook zu erreichen sind. Unter @lyssisstreetfood findet jeder, der Gefallen an Streetfood hat, blitzschnell den aktuellen Standort und den Plan für die nächsten Tage. Die Gastronomin Doreen Lyska Stilling schreibt kurze Posts, man ist per Du, und es gibt stets ein Bild, denn Bild plus Text bleibt bekanntlich am besten im Kopf. Häufig postet sie auch einen Kartenausschnitt, damit der Burger-Fan sie auch auf jedem noch so kleinen Wochenmarkt findet.

www.facebook.com/lyssisstreetfood (1143 Likes am 26.01.2018; 16:50 Uhr)

SCHÖNES BILDMATERIAL VORHANDEN? AUF NACH INSTAGRAM!

Instagram und Pinterest sind bildlastige Social-Media-Portale, auf denen vor allem die Schönheit des Bildes zählt. Texten musst du hier nicht viel, außer ein paar aussagekräftigen Headlines und intelligenten Bildunterschriften. Wenn dein Betrieb z. B. eine besonders schöne Innenausstattung oder illustre Personen zu Gast hat oder landschaftlich richtig etwas hermacht, solltest du dein Bildmaterial nicht einfach nur auf Facebook oder auf deiner Website einstellen, sondern es sozusagen krönen: Du stellst es auf einem Kanal zu Verfügung, der für eine ästhetische Bildsprache steht.

Auch das Einrichten eines Instagram-Accounts ist echt leicht. Du wirst durchgeführt und – zack – gehörst du zur illustren Gemeinschaft. Hast du alle Fotos parat? Schau dir einfach an, wie es andere machen, und lerne.

Sehr klug gehen es die urbanen Designhotels »Sir Hotels« an. Sie stellen nicht nur Bilder des eigenen Betriebs online, sondern kombinieren schöne Bilder zu einem »City Guide«, den sich der Gast aufs Smartphone laden kann. Er wird mit lauter schönen Fotos aus der Umgebung seines Hotels überrascht, es gibt obendrein kurze Infotexte, die Lust darauf machen, den Ort zu erkunden. Ergänzt durch kleine Zeichnungen kommt der Instagram-Account als kostbarer, fast handgemachter kleiner Guide daher, den man sofort durchblättern möchte. Dies ist nicht nur eine Augenweide, sondern auch ein echter Mehrwert für den Gast.
www.instagram.com/sirsavignyhotel (1172 Abonnenten am 14.03 2018; 16:52 Uhr)

Hier gibt es noch mehr Beispiele für gut gemachte Instagram-Acounts von Hoteliers und Gastronomen. Schaue und genieße.

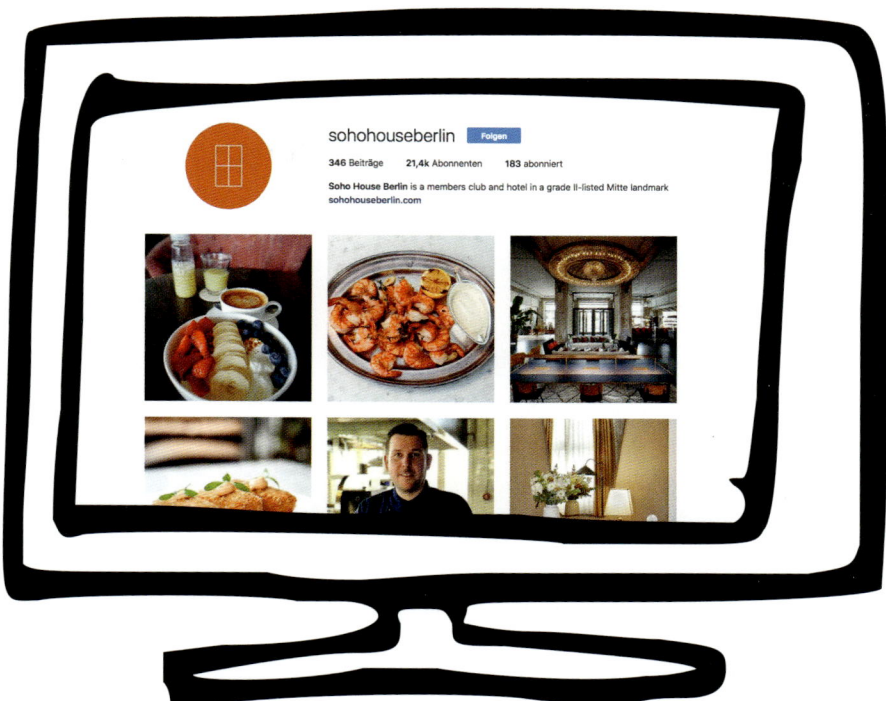

www.instagram.com/explore/locations/90199/soho-house-berlin/?hl=de

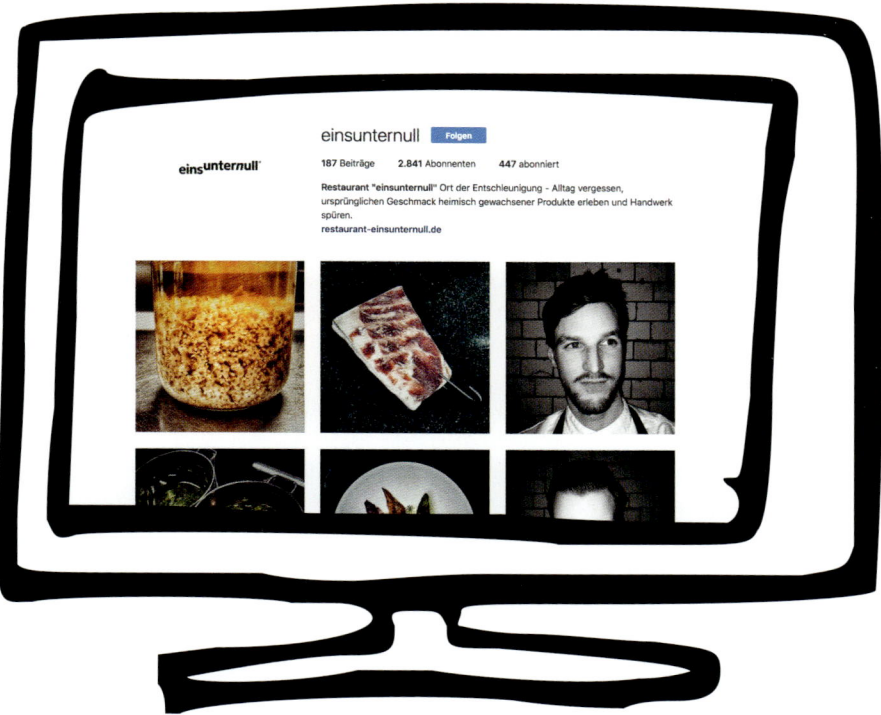

www.instagram.com/einsunternull/?hl=de

LÄSTERMÄULERN SICHER BEGEGNEN

Es liegt in der Natur der »sozialen Medien«, dass Dialoge stattfinden und Menschen außer Lob auch ihren Tadel loswerden können. Egal, ob du eine Bewertung gerecht, ungerecht oder gar falsch findest, fluche leise in deinen Bart (auch wenn du keinen hast) und beginne einen sachlichen, aber herzlichen Dialog mit dem unzufriedenen Gast. Meistens hilft das schon. Geht es jedoch in die Richtung von gezielten Fake-News, musst du einen Gang höher schalten und eine klare Linie in der Krisenkommunikation fahren. Nimm dir ggf. einen Anwalt, der für dich den formalen rechtlichen Weg beschreiten kann.

Dein Problem bleibt jedoch bei jedem noch so guten rechtlichen Beistand der Imageschaden, der womöglich entstanden ist. Diesem kannst du am besten entgegensteuern, wenn du selbst aktiv und mit Methode in den jeweiligen sozialen digitalen Kanälen unterwegs bist. Überlass das Feld nicht den Meckerheinis! Je präsenter du selbst für deine Gäste z. B. auf Facebook bist, desto mehr wird dir Glauben geschenkt, wenn du dich gegen unwahre Behauptungen zur Wehr setzt. Du hast sozusagen deinen Platz schon bespielt und dich strategisch sicher eingerichtet. Negative Kritik kann dir dann nicht mehr so viel anhaben.

Wenn du einen Redaktionsplan angelegt hast, sollte dir eine kontinuierliche Präsenz nicht schwerfallen. Es lohnt sich, nach solchen Plänen vorzugehen. (vgl. **KAPITEL 26**)

JETZT MACH!

1. Beantworte die Fragen 1 bis 6 und schau mal, wo du landest.
2. Wenn du Facebook nutzen möchtest, sammle erst mal ein bisschen Material, damit du die Facebook-Seite deines Betriebes mit ca. zehn Beiträgen schmücken kannst, bevor du sie »live« schaltest.
3. Lade Freunde ein, die Seite zu liken und zu teilen. Ermuntere jeden Gast, dies auch zu tun.
4. Poste regelmäßig (siehe Redaktionsplan) und auch spontan: Wie ein Mitarbeiter die Blumenkübel bepflanzt, wie der neue Signature-Dish in der Küche kreiert wird oder dass der Hausdackel Nachwuchs bekommen hat.
5. Alles ist erlaubt, solange es die drei Säulen des guten Contents würdigt: Information, Weiterbildung (ich lerne was!) und Unterhaltung.
6. Wenn du Instagram nutzen möchtest, geh ähnlich vor wie bei Facebook, aber sei dir bewusst, dass du nur richtig schöne Bilder posten solltest. Leg dir am besten einen Vorrat an.
7. Lizenzfragen: Am besten alles selbst fotografieren, denn so liegen die Rechte immer bei dir.
8. Kommentarfunktionen: Ja, schalte sie ein, fördere den Dialog. Du musst jedoch regelmäßig (täglich!) reagieren, sowohl auf Lob als auch auf Tadel.
9. Nicht vergessen: Verknüpfe die Facebook-Seite mit anderen digitalen Kanälen. Zum Beispiel: Ein Facebook-Icon auf die Website setzen, damit Interessierte direkt auf deine Fanpage kommen. Und umgekehrt.

KEINE ANGST VOR SEO
WIE DU DICH MIT GOOGLE GUTSTELLST

DAS KAPITEL IN 7 SEKUNDEN

* Eine Website oder ein Blog werden von den Suchmaschinen höher gerankt, wenn sie nutzerfreundlich sind.
* Die wichtigste Suchmaschine im deutschsprachigen Raum ist Google.
* Nutzerfreundliche Seiten bieten dem Leser gute Texte, überschaubare Strukturen und relevante Inhalte. Der Leser verweilt entsprechend länger auf der Seite, und das wird von Google »belohnt«.
* Das Ranking einer Seite kann durch passende Keywords erhöht werden. Gute Keywords sind Begriffe, die User bei ihrer Suche bei Google eingeben.
* Einfache Keyword-Tools und das Befragen von Usern helfen bei der Definition der richtigen Keywords.
* Durch kluge Verlinkungen der Seite auf eigene Unterseiten und zu anderen Webauftritten entstehen mehr Besucherbewegungen. Auch das wirkt sich positiv auf die Auffindbarkeit einer Seite aus.
* Bespielt man begehrte Themenwelten (z. B. Versicherungen, Flüge), braucht man eine ausgeklügelte SEO-Strategie, um im Übermaß des Angebotes überhaupt wahrgenommen zu werden. Da müssen Profis ran.

Um die drei geheimnisvollen Buchstaben SEO wird viel Bohei gemacht. Dabei ist alles halb so schlimm. SEO ist die Abkürzung für Search Engine Optimization, auf Deutsch: Suchmaschinenoptimierung. Die größte und damit wichtigste Suchmaschine im deutschen und europäischen Raum ist Google. Um Google zufriedenzustellen und dadurch im Web besser gefunden zu werden, sind ein paar Kleinigkeiten zu beachten. Lass dir nichts einreden von irgendwelchen SEO-Buden – du kannst das auch. Wenn du allerdings eine umfassende Digital-Strategie brauchst, um Online-Marketing zu betreiben, verlass dich auf eine solide Agentur. Für den kleineren Hausgebrauch jedoch musst du niemanden beauftragen, wenn du dich an ein paar simple Regeln hältst.

WAS MACHEN DIE SUCHMASCHINEN?

Wenn eine Seite nutzerfreundlich ist, z.B. weil die Texte hammermäßig gut geschrieben und die Fotos ansprechend sind und man sich sofort auf der Seite zurechtfindet, verweilt der Nutzer länger auf der Seite. Logisch. Kennst du von dir selber: Wenn du nichts findest auf der Seite oder alles grottenhässlich ist, biste schnell wieder wech, Pech. Nun passiert Folgendes: Wenn der Nutzer länger auf der Seite bleibt, registriert Google das. Und Google belohnt das sofort. Nutzerfreundliche Seiten werden in den Suchergebnissen weiter oben angezeigt.

Das ist aber noch nicht alles. Such-Roboter – sie werden auch Bots oder Crawler oder Spider genannt – durchsuchen alle Webdokumente nach Text. Genau, nach Text. Was glaubst du wohl, warum dieses Buch hier geschrieben wurde, wenn Text nicht so wahnsinnig wichtig wäre im Web? Diese Such-Roboter haben Text auf dem Kieker: Sie prüfen, ob die Suchanfragen der Nutzer mit dem Text zusammenpassen. Die Keywords [Schlüsselbegriffe] in den Texten sollen möglichst gut mit den Suchanfragen der Nutzer übereinstimmen.

Ein Vater sucht nach einem Bauernhof in Thüringen, auf dem er mit seinen kleinen Kindern Ferien machen kann. Er will nicht weit fahren. Er gibt ein: Kinderbauernhof Rhön. »Kinderbauernhof« ist streng genommen nicht der korrekte Begriff, aber er kommt dem überlasteten Familienvater eben als Erstes in den Sinn.

Es gibt einen zauberhaften Bauernhof in Aschenhausen in der Rhön, aber der hat in seinen Beschreibungen auf der Website alles Mögliche stehen, nur nicht die Wörter »Kinderbauernhof« und »Rhön«, sondern stattdessen »Familienferien auf dem Lande« und »Aschenhausen«. Schade.

Denn du ahnst es schon: Google wird die beiden Königskinder nicht zusammenführen, weil die Keywords auf der Website des Bauernhofs nicht mit der Suchanfrage des Vaters übereinstimmen. Merke: Die richtigen Keywords erleichtern den Suchmaschinen die Zuordnung. Und schon wird die Website als relevant bewertet und dein Betrieb in den Ergebnissen weiter oben angezeigt. So, jetzt weißt du endlich, warum sich alle so über Keywords aufregen.

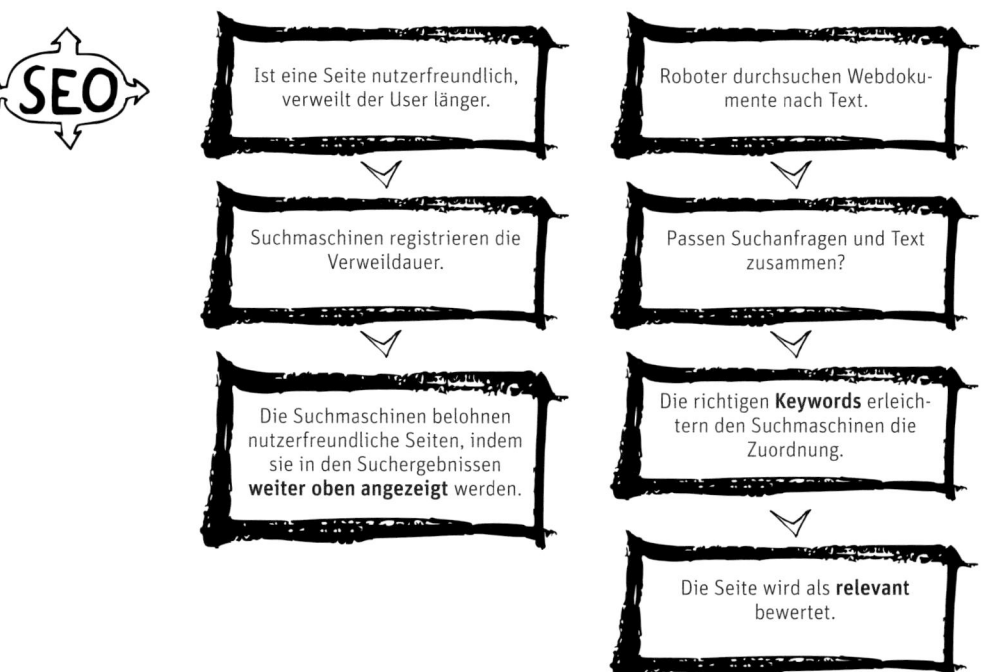

KEYWORDS: WIE DU SIE FINDEST UND GEBRAUCHST

Die folgende Anleitung ist sozusagen für den Hausgebrauch. Du bist ein kleiner oder mittelständischer Betrieb, der schon ein gewisses Stammpublikum hat und auch gerne weiterempfohlen wird. Du möchtest gerne die richtigen Keywords finden und fängst mit dem Naheliegenden an: Du fragst deine Freunde, Gäste, Mitarbeitenden. Was würdet ihr bei Google eingeben? Sammle das und sortiere das nach Themen.

Du betreibst eine Craft-Beer-Bar (und das, obwohl du kein Bartträger bist und kein einziges Tattoo vorweisen kannst, ts).

Deine Kumpel sagen, sie würden das hier bei Google eingeben: Craft-Beer, Kneipe, Bar, Lounge, Bier, Craft-Bier, wo kann ich gutes Bier trinken, Biergarten, die nächste Craft-Beer-Brauerei, was ist IPA, wo gibt es Pale Ale, hippes Bier.

Noch ist sie etwas dünn, die Ausbeute. Bohre weiter, bis du etwa 50 Begriffe und Wortgruppen hast. Damit du sichergehen kannst, dass andere Craft-Beer-Bars diese Begriffe nicht auch schon wie der Teufel in ihren Webtexten einsetzen, kannst du sie mithilfe von Programmen überprüfen. Es gibt tolle Werkzeuge, die dich dabei unterstützen. Nutze sie!

→ google.de/trends | keywordtool.io | ranking-check.de | sistrix.de

Diese Tools zeigen dir in der Auswertung an, welche Keywords noch nicht so strapaziert sind und welche relevant sind. Vielleicht stellt sich heraus, dass die User oft Pale Ale eingeben – das hättest du so nicht vermutet. Nun kannst du Pale Ale auf jeden Fall für dich als relevantes Keyword nutzen.

Am Ende solltest du so um die 15 bis 20 Keywords für deinen Webauftritt definieren. Die baust du in die Texte ein. Aber Achtung: Das ist noch lange kein Grund, mit Keywords um sich zu schmeißen. Benutze ein Keyword maximal drei Mal innerhalb von hundert Wörtern, sonst nervt es nur. Google ist sehr smart geworden und belohnt wildes Keyword-Wachstum nicht, sondern bestraft es sogar. Erzeuge lieber intelligenten Content, in den du ab und zu relevante Keywords einstreust.

Hat dein Betrieb immer wieder neue, andere, vielleicht internationale Gäste, solltest du zusehen, dass du unter die ersten zehn Suchergebnisse kommst. Es gibt einige Strategien, die die Auffindbarkeit ankurbeln: Anzeigen schalten oder Kampagnen in den sozialen Medien usw. Das ist aber eine ziemlich komplexe Aufgabe, und die solltest du lieber Online-Marketing-Profis überlassen.

Keywords – gelassen bleiben

1 Freunde fragen

2 50 Begriffe mit Keyword-Tools überprüfen (z.B. google.de/trends)

3 Ein Keyword maximal dreimal innerhalb einer Wörtergruppe von 100 platzieren

KLEINE KNIFFE, DIE HELFEN

Es gibt ein paar weitere Schräubchen, an denen du drehen kannst, um Google noch zufriedener zu machen. Verlinke auf deiner Website relevante Begriffe mit Unterseiten, auf denen der Leser weitere Informationen erhält. Verlinke auch auf externe Seiten, zuerst auf deine eigenen externen Seiten wie Facebook oder Instagram oder einen Blog. Setze aber auch Links zu anderen Webauftritten wie regionale Tourismusportale oder Lieferanten, mit denen du zusammenarbeitest. Bitte umgekehrt diese verlinkten Externen, einen Link zu deiner Seite irgendwo zu integrieren. Durch diese Verknüpfungen entsteht »Traffic« [Verkehr in digitalen Kommunikationskanälen], und diese Bewegungen bewertet Google positiv.

Vergiss die Bilder und Grafiken nicht, die du auf deinen Webauftritten einbindest. Sie alle sollten einen ALT-Titel [Alternative Title] erhalten. Das ist die Bezeichnung für die Beschreibung, die der User erhält, wenn er mit der Maus über das Bild oder die Grafik fährt. Diese Beschreibung besteht aus Text, und nur Text wird von Google erkannt, das Bild selbst nicht. Nutze diesen Textschnipsel aus und setze ein Keyword hinein. Gleichzeitig werden diese Texthäppchen Menschen mit Sehbeeinträchtigungen laut vorgelesen – ein sehr wichtiger Beitrag zur Barrierefreiheit einer Seite. Allein deshalb schon solltest du alle Bilder mit ALT-Titeln versehen.

Ein Blog, der in die Website integriert ist, bringt ebenfalls Einiges für die Suchmaschinenoptimierung. Die längeren Textartikel sind schönes Material für Google, und wenn du ab und an ein Keyword in deinen Blogartikel einbaust, hat Google dich umso lieber (vgl. auch **KAPITEL 17**).

GUTER CONTENT WIRD BELOHNT

Die gute Nachricht: Am liebsten mag Google gute Inhalte, Keywords hin oder her. Die Algorithmen der Suchmaschinen sind so fein ausgesteuert, dass guter Content tatsächlich erkannt und belohnt wird. Wir erinnern uns: Guter Content beruht auf drei Säulen: Informieren, weiterbilden, unterhalten. (Vgl. **KAPITEL 16**) Versuche, von allem etwas dabei zu haben, wenn du Texte produzierst. Wenn du nur um der Suchmaschinen willen schreibst, kannst du es gleich lassen. Weder deine Gäste noch Google finden das gut.

RELEVANTE INHALTE SCHAFFEN – BEISPIEL BISTRO

INFORMATION	WEITER-BILDUNG	UNTER-HALTUNG
Neue Speisekarte	4 Arten, ein Steak zu braten	Foto »Früh übt sich«

JETZT MACH!

1. Frag bei jeder Gelegenheit Freunde und Gäste, was sie bei den Suchmaschinen eingeben würden, wenn sie so etwas wie deinen Betrieb suchen. Notiere das und sortiere grob nach Themen.

2. Ein Beispiel: Du betreibst ein kleines italienisches Restaurant mitten im Berliner Kiez. Deine Leute gestehen dir, dass sie so suchen würden: Italiener, Italiener um die Ecke, wo kann ich gut italienisch essen, Pizza, bester Italiener in Charlottenburg usw.

3. Fang eine Liste an, in der du die Suchbegriffe nach spezifisch und allgemein sortierst. Denn die allgemeineren Suchbegriffe eignen sich weniger als Keywords, weil sie alle anderen auch schon benutzen. Viel interessanter sind die Wortgruppen und vollständigen Fragen, die potenzielle Kunden eingeben.

4. Mach den Keyword-Check mit einem der praktischen Keyword-Tools. Kostet nix, bringt viel.

5. Entscheide dich für 15 bis 20 Keywords und mach sie zu deinem Projekt. Verwende sie dort, wo sie Sinn ergeben. Aber bitte nicht einfach damit um dich schmeißen, sonst halten dich die Leser für bekloppt.

6. Geh systematisch an deine Auftritte im Web heran und verlinke sie miteinander: Website mit Facebook und umgekehrt. Blog mit Instagram, Instagram mit Website, Website mit Blog – na, du weißt schon.

7. Alle Bilder, Fotos, Grafiken versiehst du mit einem ALT-Titel. Was, du hast schon wieder vergessen, was das ist?! Eine Seite zurück.

8. Bevor dich der Keyword-Wahn packt: Im Grunde sind nur drei Dinge wichtig: 1. Der Inhalt. 2. Der Inhalt. 3. Der Inhalt.

9. Wenn du ein SEO-Feuerwerk entfachen möchtest und zu einem hoch frequentierten Suchgebiet (z.B. Pizzeria, Urlaub, Pension) einen Platz unter den ersten zehn Suchergebnissen ergattern willst, kontaktiere eine seriöse Agentur für Online-Marketing.

DAS MINIMAL-TURBO-PROGRAMM

Du siehst diese ganzen Kapitel im Buch und fühlst dich ein wenig überfordert? Kennen wir. Mach dich locker. Niemand verlangt von dir, dass über Nacht in deinem Betrieb an allen Kontaktpunkten die genialen Texte wie Pilze aus dem Boden schießen. Du hast die erste Hürde ja schon längst genommen: Du blätterst in diesem Buch. Du willst an deinen Texten was ändern. Aber es muss nicht alles auf einmal geschehen. Deshalb gibt es das Minimal-Turbo-Programm in sagenhaften drei kurzen Kapiteln.

WICHTIGSTE KONTAKTPUNKTE ZUERST BETEXTEN

NICHT ALLES AUF EINMAL – WÄHLE KLUG AUS ▷▷▷

DAS KAPITEL IN 7 SEKUNDEN

* Die notorische Zeitknappheit in der Hotellerie und Gastronomie erlaubt beim Texten meistens nur ein Vorgehen in kleinen Schritten.
* Je nach Betriebsform gibt es zwei bis drei Kontaktpunkte, die für den Gast entscheidend sind und die zuerst mit guten Texten versehen werden sollten.
* Indem sich der Betreiber auf zunächst zwei wichtige Berührungspunkte beschränkt, ist die Kommunikation auf jeden Fall auf den Weg gebracht, für positive Effekte ist gesorgt, und gleichzeitig überfordert man sich selber nicht.
* Ein Zeitplan hilft, die ersten Texter-Aufgaben innerhalb von maximal sechs Monaten umzusetzen.

Wenn du dir die Mega-Checkliste am Ende des Buches ansiehst, hättest du wohl nicht gedacht, wie viele Berührungspunkte dein Gast mit Text haben kann. Lass dich davon nicht einschüchtern. Nimm dir die wichtigsten Kontaktpunkte zuerst vor. Es kommt darauf an, was für eine Sorte Unternehmen du hast. Im Grunde kannst nur du allein entscheiden, auf was du dich zuerst stürzen solltest. Aber ruhig Blut, wir machen auch Vorschläge für verschiedene Betriebs-Kategorien. Vielleicht guckst du erst einmal, ob da schon von vornherein etwas für dich passt.

HOTELLERIE

Für alle Hoteliers gilt: Wenn es um geniale Texte geht, solltest du die Website und die Präsenz auf den Buchungsportalen zuerst angehen. Seid ihr ein größerer Hotelbetrieb mit mehr als 50 Betten, denke auch an die Imagebroschüre, die ihr vielleicht als Print-produkt für eure Gäste bereithaltet. Kongresshotels sind naturgemäß größer angelegt und können bei ihren Gästen digitale Kompetenz voraussetzen. Daher ist neben der klassischen Website und der Präsenz auf einschlägigen Portalen die Facebook- oder Instagram-Seite ein wichtiger Kontaktpunkt.

Seid ihr ein kleinerer Beherbergungsbetrieb, so reicht als Printprodukt wahrscheinlich der Flyer aus. (Aber auch hier erst an die Website und die Buchungsportale denken!) Gasthöfe und Pensionen werden auch häufig von weniger internetaffinen Gästen aufgesucht. Hier gehören zu den ersten Kontaktpunkten die Beschilderung, Wegweiser und die Außenvitrine mit Informationen. Dir kommen diese Punkte vielleicht unwichtig vor, aber unterschätze nicht den ersten Eindruck, den sich deine Gäste von deinem Laden machen. Wenn du hier schon freundliche Worte auf Schildern und Hinweisen findest, sind dir deine Gäste noch vor dem Betreten deines Hauses gewogen.

RESTAURANTS, BARS, CAFÉS UND SO WEITER

Dein Gast will bei dir essen und trinken. Wo schaut er rein? In die Speise- und Getränkekarte. Beschäftige dich mit ihr zuerst. Im Ernst, der Internetauftritt kommt erst später. Wenn dir gute Texte für die Menükarte gelungen sind (siehe **KAPITEL 9**), dann nix wie online stellen. Damit hast du schon mal die digitale Entsprechung für deine unverwechselbare Karte gefunden. Es geht weiter: Führst du einen hippen Laden, eine Craft-Beer-Bar im Szene-Viertel, ein Muffin-Café in Uni-Nähe, eine Brasserie in der Edel-Einkaufszone, kümmere dich schnell um deinen Instagram-Auftritt. Wenn der steht, kannst du dich sukzessive mit Facebook und allen Punkten im Inneren deines Ladens beschäftigen.

Und wenn dein Laden etwas konservativer ist, pflege zunächst deine Website und die Kontaktpunkte innerhalb des Restaurants, der Bar, des Cafés. Nimm dir ein paar Player zum Vorbild, die wir in **KAPITEL 1, 9, 10** und **11** vorstellen.

Dry Aged

Du willst live dabei sein, wenn Neues in unserer Wurstwerkstatt entsteht? Du wolltest schon immer mal wissen, wo unsere Rinder grasen? Du hast derbe Hunger und bist neugierig, was heute bei uns auf der Karte steht?

GUTES FLEISCH BRAUCHT ZEIT

Um Geschmack zu entwickeln muss man Fleisch Zeit geben – und das beginnt schon auf der Weide. Tiere alter Rassen, die langsamer wachsen als ihre hochgezüchteten Turbokollegen, schmecken viel besser. Besonders, wenn man sie gemächlich mit gutem Futter mästet. Auch nach dem Schlachten geben wir dem Fleisch besonders viel Zeit um zu reifen, denn während der Fleischreifung konzentriert sich der Geschmack – wie bei einer guten, lange eingekochten Soße.

#NOSETOTAIL DAS GANZE TIER

Ein Tier besteht nicht nur aus Filet, Steak und Schnitzel. Wir von Kumpel & Keule wissen, dass es keine unedlen Teile gibt. Jedes Stück hat seinen Wert und seinen besonderen Geschmack. In unserer Metzgerei wird daher alles vom Tier verwertet – von der Nase bis zum Schwanz. Gerne zeigen wir Dir, was noch so alles an Schwein, Rind und Lamm dran ist, und inspirieren Dich zu neuen Genüssen. Du wirst sehen, es gibt noch viel zu entdecken.

ERFAHRE MEHR ÜBER UNSER FLEISCH:

EVENT-LOCATION, FERIENCLUB, FREIZEITPARK

Deine Gäste brauchen meist eine schnelle Übersicht, und die bekommen sie am besten auf einer top gepflegten Website. Das ist dein erster Ansatzpunkt. Häufig entscheidet der Besucher auch nach Gefühl: Wie ist die Stimmung da? Sind die Leute cool drauf? Bekomme ich auch bestimmt die bunte Welt geboten, die ich in meinem kargen Alltag so vermisse? Ein klarer Fall für die sozialen Medien. Schließlich bewerten die Stammgäste und ehemaligen Besucher die Location gerne, z. B. auf Facebook oder TripAdvisor.

ANDERE BETRIEBSFORMEN

Du arbeitest in einer Systemgastronomie? Dann gibt das Mutterschiff ja oft die Kommunikationskanäle vor und du hast nur bedingt Einfluss auf die Texte. Es schadet aber nicht, ein wenig aufmüpfig zu sein: Wenn du dieses Buch gelesen hast und meinst, die bestehenden Texte seien zum Gähnen, schenke den Marketingverantwortlichen entweder ein Exemplar dieses Buchs oder verlange einen Zugang zum CMS [Content Management System = Redaktionssystem] der Website. Eine eigene Facebook-Seite hast du hoffentlich, die du auch individuell bespielen kannst. Das wären erst einmal die Prios, was deine Text-Kontaktpunkte betrifft.

Und wenn es um deinen Party- oder Lieferservice geht, solltest du zuerst mit einem Webauftritt punkten, der als zentrales Element das Speisen- und Getränkeangebot zelebriert. Mit von der Partie ist unweigerlich der Flyer als Printprodukt zum Verteilen. Dieser kann nie aktuell genug sein – drucke ihn lieber öfter, die Druckkosten halten sich durch die Möglichkeiten des Digitaldrucks mittlerweile in Grenzen.

SPEISEN FÜR DIE MASSEN

Als Betreiber einer Kantine weißt du, dass du die Massen begeistern musst. Schick ihnen vor ihrem unausweichlichen mittäglichen Besuch deine Tageskarte aufs Handy. Klare Priorität für dich: ein gutes E-Mail-Template [Design-Vorlage], in das du mühelos die täglichen Variationen eintragen kannst. Das ist deine allererste Aufgabe. Das Template verwendest du auch für deine Website, die als reduzierte »Microsite« [klitzekleine, einfache Website] einen wunderbaren Dienst tun wird. Viel mehr musst du erst mal gar nicht in Angriff nehmen. Ist doch toll, oder?

Dasselbe gilt für dich, wenn du andere Formen der Verköstigung von vielen Gästen betreibst: ob im Seniorenstift oder in einem anderen Wohnheim, in der Messe- oder Verkehrsgastronomie. Hier kommt eventuell noch ein übersichtlicher Flyer als weiterer Text-Kontaktpunkt hinzu, um den du dich schleunigst kümmern musst.

JETZT MACH!

1. Zu welcher Betriebskategorie zählst du dich?
2. Nimm dir die wichtigsten Punkte zuerst vor. Hier ein kurzer Überblick:
   - kleines Hotel, Pension, Gasthof: Website, Buchungsportal, Beschilderung
   - großes Hotel: Website, Buchungsportal, Imagebroschüre
   - Restaurant, Bar, Café: Menükarte (analog und digital), Website, soziale Medien
   - Events: Website, soziale Medien
   - Party-, Lieferservice: Website, Flyer
   - Kantine: E-Mail, Newsletter, Microsite
3. Zu jedem Punkt gibt es ein passendes Kapitel in diesem Tat-Geber. Lies es dir durch und folge der Checkliste am Ende jedes Kapitels.
5. Mach dir einen Zeitplan. Länger als sechs Monate sollte es nicht dauern, bis du die brennendsten Texter-Aufgaben umgesetzt hast.
6. Wenn du die wichtigsten Kontaktpunkte erledigt hast: nicht schlappmachen, sondern die Mega-Checkliste zur Hand nehmen und klug entscheiden, was als Nächstes drankommt.
7. Mach dir auch dazu einen Zeitplan, damit du den Überblick behältst und das angenehme Gefühl hast, immer schön dranzubleiben. (Ja ja, der berühmt-berüchtigte KVP, der kontinuierliche Verbesserungsprozess …)

DER HEADLINE-BAUKASTEN
IN 4 SCHRITTEN KNACKIGE ÜBERSCHRIFTEN ZUSAMMENBASTELN 💬

DAS KAPITEL IN 7 SEKUNDEN

* Eine gute Headline ist das wichtigste Element eines Textes. Mit ihr gewinnt man die Aufmerksamkeit des Lesers für die restlichen Zeilen.
* Es hat so gut wie nichts mit Schreibtalent zu tun, prägnante Überschriften zu texten. In nur 4 einfachen Schritten lässt sich eine brauchbare Headline entwickeln.
* Dazu empfiehlt sich ein simples Schema (Baukasten-System), das irgendwann in Fleisch und Blut übergeht und die Headlines nur so purzeln lässt.
* Wer sich in den Gast hineinversetzt und überlegt, was er mit seinen Sinnen wahrnimmt (Sehen, Hören, Riechen, Fühlen, Schmecken), wird es leichter haben, eine aufmerksamkeitsstarke Überschrift zu konstruieren (vgl. auch KAPITEL 6).
* Es ist besser, die Headline erst zu schreiben, wenn der eigentliche Text steht.

Die Headline entscheidet über Wohl und Wehe eines Textes. Wenn die nicht sitzt, liest der Gast nicht weiter. Mit dieser Technik fällt es dir leicht, knackige Headlines zu produzieren. Kleiner Tipp: Schreib erst den Text, danach die Überschrift. Du wirst beim Schreiben noch viele kleine Änderungen einbauen oder sogar einen ganz anderen Weg nehmen, sodass die anfangs gefundene Headline am Ende nicht mehr passen könnte. Und du willst ja keinen Text nur für die Headline verfassen, sondern für die wichtigste Person überhaupt: den Gast.

SCHRITT 1: THEMA FINDEN UND ALLE SINNE ANSPRECHEN

Gut, worüber willst du schreiben? Ganz egal, ob du einen Blogartikel verfassen möchtest, ob ein Newsletter rausgehen soll oder ein neuer Flyer gedruckt wird – was ist dein Thema? Wir gehen die einzelnen Schritte mal gemeinsam durch. Angenommen, das Thema ist »Sonntagsbrunch«. Du schreibst auf ein möglichst großes Blatt oben in die Mitte »Sonntagsbrunch«. Überlege dir, was du (bzw. deine Gäste) so alles wahrnehmen könntest, wenn es ums sonntägliche Brunchen geht. Was siehst du vor deinem geistigen Auge? Was hörst du? Und so weiter. Schau dir die Abbildung 1 an und schreib zu jeder Frage ein paar Stichpunkte auf.

DIE BAUKASTEN-METHODE

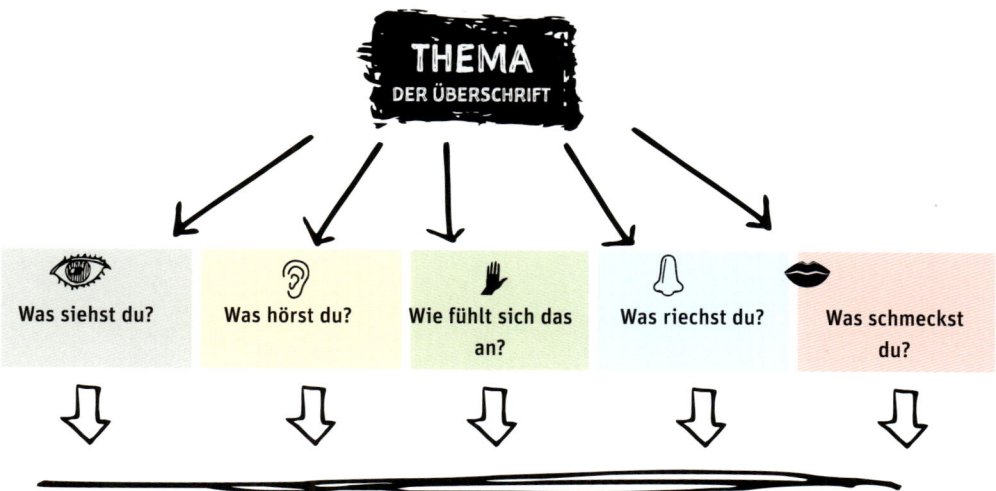

THEMA
DER ÜBERSCHRIFT

| Was siehst du? | Was hörst du? | Wie fühlt sich das an? | Was riechst du? | Was schmeckst du? |

SCHRITT 2: EINE KLUGE AUSWAHL TREFFEN

Deine Stichpunkte zu den einzelnen »Sinnes-Fragen« könnten z. B. so aussehen:

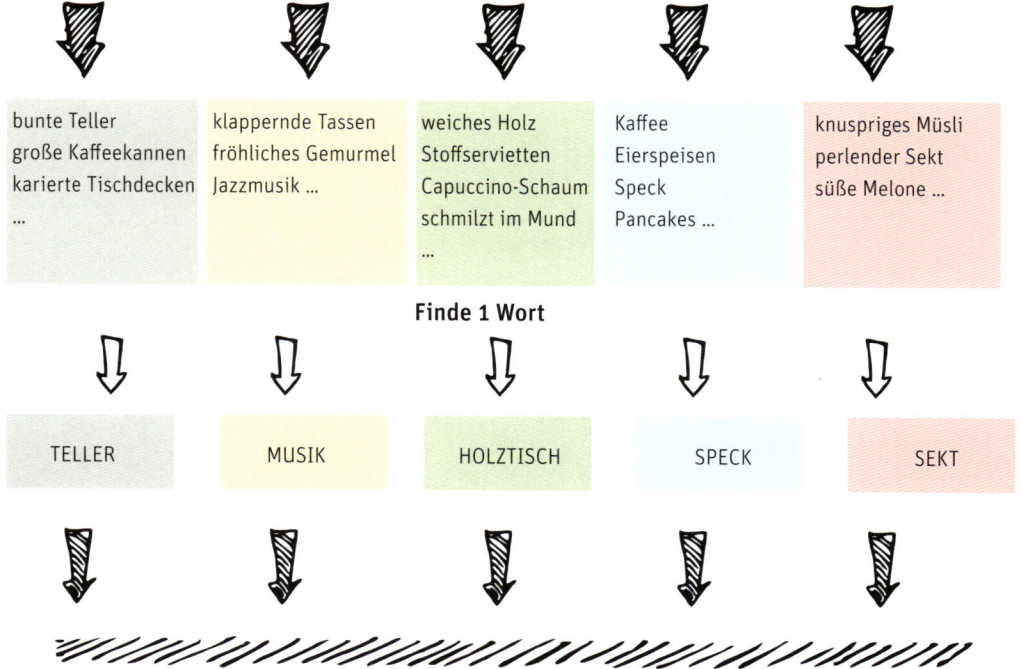

| bunte Teller große Kaffeekannen karierte Tischdecken … | klappernde Tassen fröhliches Gemurmel Jazzmusik … | weiches Holz Stoffservietten Capuccino-Schaum schmilzt im Mund … | Kaffee Eierspeisen Speck Pancakes … | knuspriges Müsli perlender Sekt süße Melone … |

Finde 1 Wort

| TELLER | MUSIK | HOLZTISCH | SPECK | SEKT |

Headlines schreiben

Vielleicht steht auf deinem Zettel auch etwas ganz anderes – gebongt und gut so. Wir machen weiter. Such dir jeweils ein Wort aus deinen Stichpunkten aus. Es sollte ein Substantiv sein. Hast du fünf Wörter auf deinem Zettel stehen? Brav.

SCHRITT 3: PASSENDE ADJEKTIVE FINDEN

Finde je Wort ein Adjektiv

VOLLER TELLER · JAZZIGE MUSIK · EINLADENDER HOLZTISCH · KNUSPRIGER SPECK · BELEBENDER SEKT

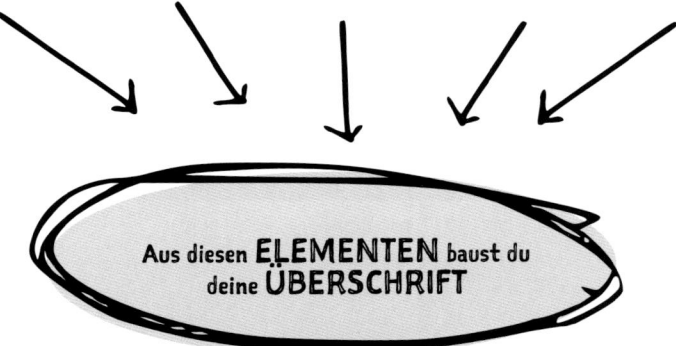

Aus diesen ELEMENTEN baust du deine ÜBERSCHRIFT

Für jedes Wort findest du ein Adjektiv. Es gibt na klar unzählige Varianten. Wir haben hier mal ein paar aufgeschrieben. Aus diesen Elementen baust du im nächsten Schritt verschiedene Headlines. Bist du noch bei uns? Nicht schlappmachen!

SCHRITT 4: SICH FÜR EINE KONSTRUKTION ENTSCHEIDEN

Stell dir vor, du bist ein Sprach-Ingenieur und konstruierst aus den jeweils 2 Elementen eine Headline. Wir haben hier 5 verschiedene Modelle aufgebaut.

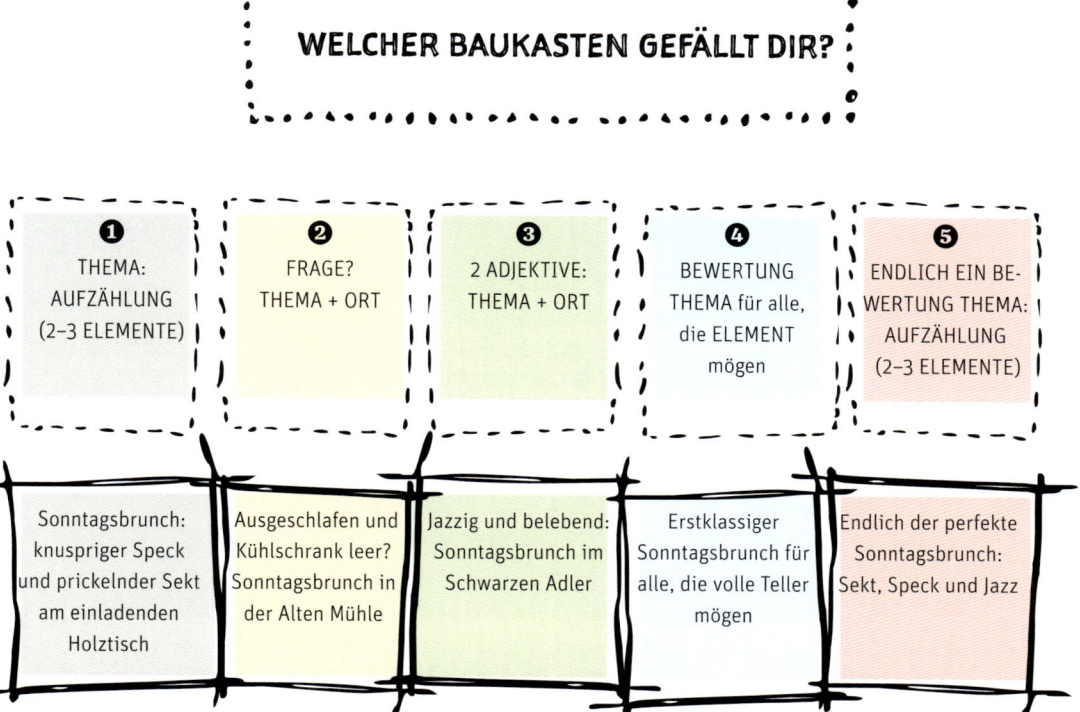

Baukasten 1

Du kombinierst dein Thema (Sonntagsbrunch) mit 2 bis 3 Elementen, die du in dem Schritt davor aufgeschrieben hast. Das Thema trennst du in der Überschrift einfach nur durch einen Doppelpunkt von den anderen Elementen ab, und schon hast du eine gute Headline!

    Sonntagsbrunch [Thema]: knuspriger Speck [Element 1] und prickelnder Sekt [Element 2] an einladendem Holztisch [Element 3]

Baukasten 2

Du stellst eine Frage und antwortest mit deinem Thema und dem Ort, an dem dein Thema stattfindet.

    Ausgeschlafen und Kühlschrank leer [Frage]? Sonntagsbrunch [Thema] in der Alten Mühle [Ort des Geschehens]

Baukasten 3

Du schnappst dir 2 der Adjektive, die du in Schritt 3 aufgeschrieben hast, setzt dahinter einen Doppelpunkt und nennst dein Thema und den Ort des Geschehens.

    Jazzig [Adjektiv 1] und belebend [Adjektiv 2]: Sonntagsbrunch [Thema] in der Alten Mühle [Ort des Geschehens]

Baukasten 4

Du nimmst ein positiv wertendes Adjektiv, z. B. toll, klasse, unerreicht, exzellent, großartig usw. und setzt das vor dein Thema. Du ergänzt das mit dem Satzteil »für alle, die ... mögen«. Anstelle der Pünktchen setzt du eines der Elemente, die du aus Schritt 3 gewonnen hast. Diese Headline funktioniert immer!

Erstklassiger [positive Bewertung] Sonntagsbrunch [dein Thema] für alle, die volle Teller [Element] mögen.

Baukasten 5

Du fängst deine Headline mit »Endlich ein/e ...« an. Das zieht den Leser schon mal gut ins Thema rein. Anstelle der Pünktchen setzt du wieder dein Thema, das du mit einem positiven Adjektiv schmückst. Nun setzt du einen Doppelpunkt und zählst nur noch 2 bis 3 Elemente auf, egal, ob mit Adjektiven oder ohne.

Endlich der perfekte Sonntagsbrunch: Sekt, Speck, Jazz.

So. Ab sofort gilt die Ausrede, dass du keine Überschriften texten kannst, nicht mehr. Und damit du tatsächlich glaubst, dass diese 5 Baukästen funktionieren, bekommst du hier noch ein weiteres Beispiel. Aufgepasst:

Ein kleines Landhotel möchte auf seinen neuen, zwar kleinen, aber sehr hübschen Wellness-Bereich aufmerksam machen. Es möchte Artikel auf Facebook posten, einen Textabschnitt auf der Website einstellen, den Hausflyer mit den Infos aufbrezeln und einen entsprechenden Hinweis in der Gästemappe auf dem Zimmer anbringen. Damit nicht immer dieselbe Überschrift verwendet wird, macht sich der clevere Hotelier an das schöne Baukastensystem für Überschriften und kreiert innerhalb von 10 Minuten diese fünf knackigen Headlines:
SEIN THEMA: KLEINE SPA-IDYLLE
Baukasten 1: Spa-Idyll: erfrischendes Dampfbad und duftende Öle
Baukasten 2: Erholungsbedürftig und verspannter Rücken? Entspannungsbad in unserem kleinen feinen Spa-Idyll
Baukasten 3: Friedlich und erfrischend: Spa-Idyll im neuen Anbau unseres Hauses
Baukasten 4: Tiefenwirksames Spa-Idyll für alle, die Muße und Erholung mögen
Baukasten 5: Endlich ein entspannendes Spa-Erlebnis: Ruhe, Massagen, Aromatherapien

---

Kapiert? Wenn du jetzt Lust bekommen hast, deine eigenen Elemente zusammenzubauen: Nur zu! Die Möglichkeiten sind unbegrenzt. Irgendwann hast du es im Schlaf drauf und brauchst die einzelnen Schritte nicht mehr bewusst befolgen. Merke: Das Texten von Headlines ist Übungssache. Dafür brauchst du keinen Musenkuss.

JETZT MACH!

1. Schreib zuerst deinen Text, danach die Headline.
2. Ausreden gelten nicht mehr: Nimm dir den Headline-Baukasten vor und starte mit deinem Thema.
3. Denk an alle Sinne, mit denen dein Gast das Thema wahrnehmen könnte (lies auch **KAPITEL 6** dazu). Du willst eine uralte Kegelbahn wiederbeleben? Was sieht dein Gast? Was hört er (wenn auch erst einmal im Geiste)? Was riecht er? Was schmeckt er? Wie fühlt sich das an, am Rande der alten Bahn zu stehen?
4. Schon hast schon wichtige Elemente für eine gute Headline zusammengetragen: glatte lange Bahn, das dumpfe Kullergeräusch der Kugel, das Klappern der alten Holzkegel, Bierdunst, Rauch (ja, es darf geraucht werden!), Backhendl, Weißwurst, der alte Dielenboden wippt, wenn die Kugel vorbeidonnert, und so weiter. Schöne Bilder sind das! Und aufgeladen mit Emotion. Sehr gut. Weiter.
5. Such dir einen der 5 Baukästen aus und bastle aus den Elementen deine unverwechselbare Headline. So vielleicht:
   »Endlich wieder eine echte Kegelbahn: Bier, Rauch, Holzkegel«
6. Bau gleich mehrere und verwende sie für alle möglichen analogen und digitalen Kanäle. Du bist im richtigen Fahrwasser und kannst ewig so weitermachen.
   »Alte Holzkegelbahn reloaded: für alle, die auf Retro, Weißwurst und Kegeln stehen.«
   »Gesellig und sportlich: Kegelbahn auf dem Grundstück hinter der Kneipe«
   »Lust auf Feierabend mit Freunden? Neue alte Kegelbahn im Anbau hinter dem Gasthof«
7. Stecke andere mit der Methode an. Die Ergebnisse sind immer individuell, du brauchst keine Angst zu haben, dass jemand dich kopieren könnte.

DER REDAKTIONSPLAN
GUT GEPLANT IST HALB GETEXTET

DAS KAPITEL IN 7 SEKUNDEN

* Ein Redaktionsplan sorgt für Entlastung im laufenden Betrieb.
* Er basiert auf einem »Jahresplaner«-Kalender.
* Wenn der oder die Kanäle feststehen, durch den oder durch die gesendet wird (z. B. Facebook und ein Newsletter), wird die Anzahl der Aussendungen bestimmt (z. B. wöchentlich auf Facebook, ein Mal im Quartal für den Newsletter).
* Saisonale und regionale Ereignisse bilden ein Grundgerüst an Inhalten.
* Mithilfe einer Tabelle erfasst man jeden Beitrag, inklusive Form, Bildmaterial, Autorenschaft, ungeklärte Fragen usw.
* Viele Beiträge lassen sich delegieren, sodass der Urheber des Kalenders nicht identisch mit dem Urheber jedes Artikels/Beitrags/Posts sein muss.
* Interessante Inhalte kombiniert man mit unterschiedlichen Formen: z. B. Interviews, Erfahrungsberichte, Tipps usw.
* Wird der Redaktionskalender zu festen Zeiten gepflegt, stellt er eine echte Erleichterung für alle Mitarbeitenden mit Kommunikations- und Textverantwortung dar.

Du sollst dem Gast permanent einmalige Erlebnisse verschaffen, und texten für die Homepage, den Flyer, die sozialen Medien sollst du noch obendrein?! Das ist an sich schon eine Zumutung, aber wahrscheinlich lässt sich daran nichts ändern. Wer stellt schon einen Texter oder einen Social-Media-Manager extra für euren Betrieb ein? Zähne zusammenbeißen, du kriegst das alles in den Griff, und die Wunderwaffe heißt: Redaktionsplan.

WIE DU DAS JAHR DURCHPLANST

Ganz egal, ob du einen Plan für die regelmäßige Aussendung eines Newsletters machst oder für die Facebook-Seite – das Prinzip ist immer dasselbe: Du nimmst dir eine Jahresübersicht vor und legst los. Einen solchen Kalender anfassbar vor sich zu haben, als Kopie oder Ausdruck von einem digitalen Kalender, hat sich bewährt. Du kannst reinkritzeln und hin- und herschieben und später das Ganze immer noch in einen »offiziellen« digitalen Kalender übertragen.

Du überlegst dir, in welchen Abständen du im Kanal deiner Träume etwas »aussenden« willst. Wir nehmen mal ganz sportlich an, dass du wöchentlich etwas raussendest und dass dein Traum-Kanal Facebook ist. 52 Wochen hat das Jahr, demnach brauchst du

Stoff für mindestens 52 Posts. Du markierst dir im Kalender die Wochen, die saisonal bedingt schon das Thema vorgeben: Karneval oder Fasching, Ostern, Sommer, Herbst, Adventszeit, Nikolaus, vielleicht das St.-Martin-Fest, Weihnachten, Silvester. Du kennst deinen Laden am besten: Habt ihr andere saisonal oder regional bedingte Anlässe, auf den sich die Inhalte beziehen müssen? Gibt es Feste im Ort, in der Stadt? Weinfest, Kirmes, ein Heiliger, ein Sportereignis, ein Umzug? Das notierst du dir alles in die entsprechende Kalenderwoche hinein. Und siehe da: Der Kalender sieht bereits einigermaßen gefüllt aus. Es gibt Hoffnung.

DIE ZEIT »DAZWISCHEN« FÜLLEN

In den Wochen zwischen den feststehenden Ereignissen ist auch was los. Hier ist Platz für Inhalte, die etwas zum Hintergrund des Betriebes beitragen. Das können zum Beispiel sein:

- Team
- Haus, Gebäude
- Historie
- Philosophie
- Speisen, Getränke
- Unterkunft
- Region, Ausflüge
- Praktische Infos (Parken, nächster Zahnarzt usw.)
- Wetter, Klima
- Brauchtum
- Kulturelle Veranstaltungen
- Kleine Geschichten, die sich im Haus zugetragen haben
- Gäste
- Familie des Inhabers
- Sportereignisse

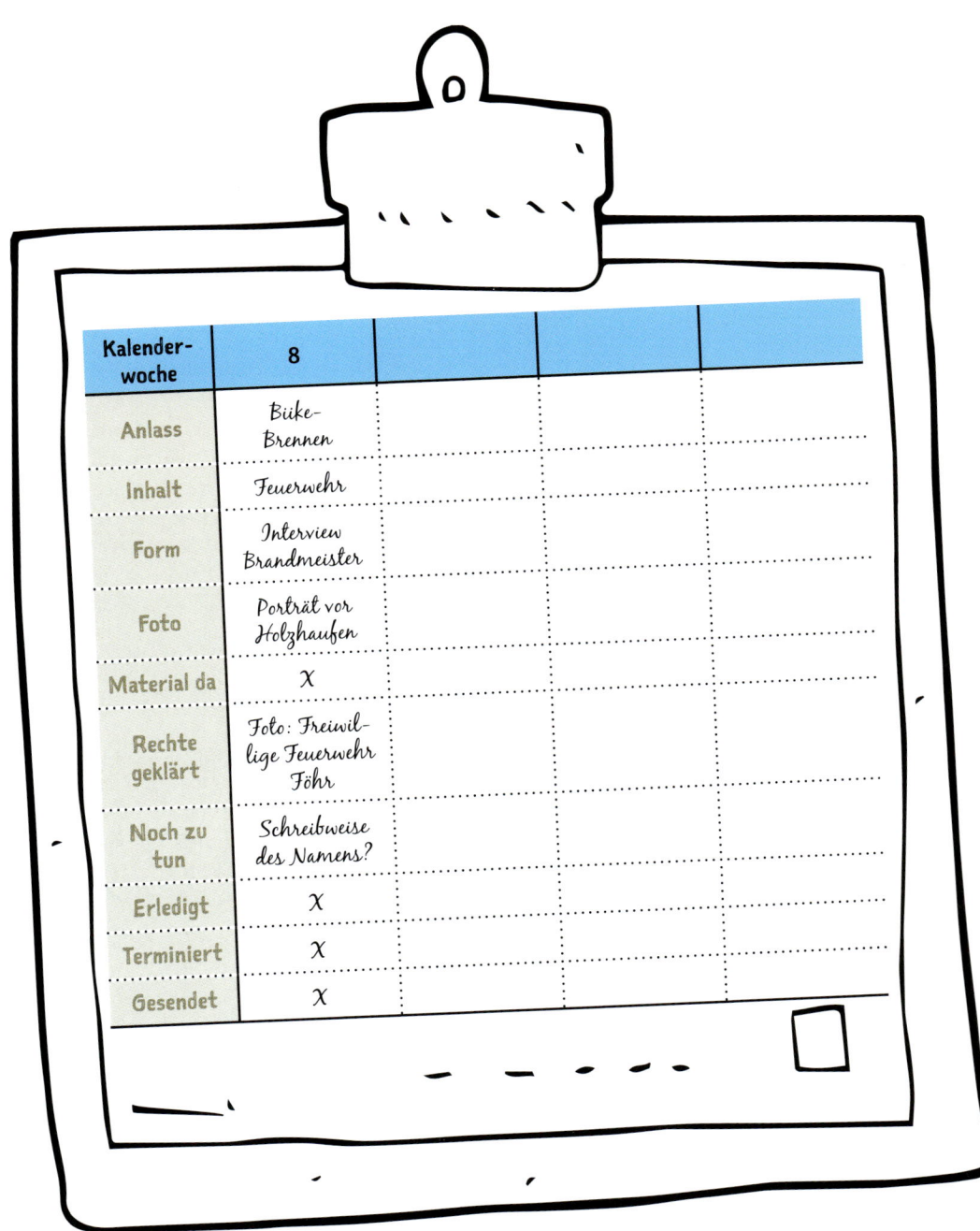

Kalender-woche	8			
Anlass	Büke-Brennen			
Inhalt	Feuerwehr			
Form	Interview Brandmeister			
Foto	Porträt vor Holzhaufen			
Material da	X			
Rechte geklärt	Foto: Freiwillige Feuerwehr Föhr			
Noch zu tun	Schreibweise des Namens?			
Erledigt	X			
Terminiert	X			
Gesendet	X			

Trage diese und weitere Themen gut verteilt in deinen Jahreskalender ein. Du wirst sehen, dass du nur noch wenige Lücken hast. Gut so, denn die müssen sein, falls du einmal spontan etwas posten möchtest (Nachwuchs im Team) oder etwas Unvorhersehbares passiert (Sturm knickte Bäume im Biergarten um). Mehr als acht Lücken sollten jedoch nicht bleiben, damit du später im laufenden Betrieb nicht unter Druck gerätst.

Und jetzt machst du noch einen weiteren, netten Schritt: Ordne spontan jedem Eintrag den Autor zu, der für diesen Artikel verantwortlich sein wird. Fast jedes Mal wird dein eigener Name da stehen, aber manches kannst du echt delegieren. Du kannst z. B. fünf Fragen vorbereiten, die du zwei Mal im Jahr an ein Teammitglied gibst. Die Antworten brauchst du nur zu übernehmen und schon hast du deinen Post fertig. Genauso kannst du es mit Gästebefragungen machen. **IM ANHANG** findest du praktische Fragelisten, mit denen du sofort loslegen kannst.

EINE TABELLE ANLEGEN

Bring noch mehr System in die Sache, indem du eine ordentliche Tabelle anlegst. Du brauchst 10 Spalten:

Kalenderwoche: Zahl eintragen, z. B. 8.

Anlass: Falls es einen Anlass gibt, z. B. das nordfriesische Biikebrennen, trag es hier ein.

Inhalt: Was du bringen möchtest, z. B. die Ortsfeuerwehr zu Wort kommen lassen.

Form: Soll es ein normaler Artikel sein? Oder ein Interview, ein Rezept, ein Tipp, ein Zitat oder oder? Am Beispiel Feuerwehr: Du interviewst den Brandmeister zu den Gefahren des offenen Biike-Feuers in den Dünen.

Foto: Hier notierst du dir, ob du Bildmaterial hast, und welches. Unser Beispiel: Ein Porträtfoto des Brandmeisters vor dem großen Holz- und Reisighaufen.

Material da: Mach hier ein Kreuzchen, sobald alles Material vorliegt.

Rechte geklärt: Wenn du selbst fotografiert hast, liegen die Rechte im Prinzip bei dir. Aber achte darauf, dass du keine Persönlichkeits- oder Urheberrechte verletzt. Bei anderen Abbildungen musst du klären, ob du sie [lizenzfrei] nutzen darfst und wie der Urheber genau genannt werden möchte. Unser Beispiel vom Biikebrennen: Du schreibst »Foto: Freiwillige Feuerwehr Föhr«.

Noch zu tun: Alle offenen Posten hier eintragen, z. B. Schreibweise Nachname Brandmeister Wyczinki?

Erledigt: Diese Spalte macht Spaß. Mach ein Kreuzchen, wenn alles getan ist.

Terminiert: Du kannst in fast allen digitalen Programmen deine Aussendungen schedulen [terminieren]. Nutze das! Dann brauchst du dich nicht jede Woche erneut damit zu befassen.

Gesendet: Hier kommt das Kreuzchen hin, sobald dein Artikel, Beitrag, Post, Botschaft, Newsletter usw. in die große weite Welt gesendet wurde.

Glückwunsch: geschafft!

ZUARBEIT ORGANISIEREN

Nein, du sollst nicht alles allein stemmen. Du musst delegieren, und zwar allein schon deshalb, damit nicht alles gleichförmig wird. Wenn verschiedene Leute zu den Inhalten beitragen, wird es gleich interessanter. Suche dir ein paar zusammen. Hier einige Vorschläge:

Interviewpartner: Du kannst Teammitglieder interviewen, Gäste befragen, Fachleute zu Wort kommen lassen. Dabei ruhig mal um die Ecke denken: Wer hat eigentlich die große Profi-Küche in eurem Laden gebaut? Interview doch mal den Küchenbauer. Wer ist für die Pflanzen-Deko bei euch zuständig? Frag mal die Person mit dem grünen Daumen nach Tipps für Schnittblumen und Kübelpflanzen.

Fachleute: Lass Spezialisten einen Artikel schreiben. Keine Angst vor Schleichwerbung. Wenn ein Ingenieur von der Geräte-Konstruktion erzählt, ist das für alle spannend.

Gäste: Lass einen Stammgast oder ein Kind zu Wort kommen. Frag sie, was ihnen spontan zu eurem Betrieb einfällt. Schau in die **FRAGELISTEN IM ANHANG**, um dir noch mehr Inspiration zu holen.

Lieferant: Was für Trends hat er über die letzten zehn Jahre beobachtet? Wo geht die Entwicklung hin? Frag ihn/sie doch einmal. Und verlinke auf die entsprechende Website, um weiteren Traffic [Bewegung auf den Webseiten] zu generieren (Vergleiche **KAPITEL 23**, Suchmaschinenoptimierung).

Team: Das älteste Teammitglied könnte einmal einen kurzen Bericht darüber verfassen, wie es früher war, z. B. ohne Warenwirtschaftssystem, ohne elektronische Kassen, ohne Tablet-Apps für den Reinigungsservice. Oder wenn ihr einen Geflüchteten angestellt habt, lasst ihn/sie mal erzählen, was in seinem/ihrem Herkunftsland gastronomische Sitte ist.

ROUTINEN ETABLIEREN

Ein Redaktionsplan ist eine spürbare Entlastung, wenn du ihn mit Regelmäßigkeiten verknüpfst. Das bedeutet z. B., du setzt jedes Jahr in einer Kalenderwoche den Plan auf, in der sehr wenig los ist bzw. euer Laden geschlossen hat. Wenn du die Tabelle fertig hast, machst du außer dir noch eine weitere Person dafür verantwortlich. Irgendwann musst auch du mal Urlaub machen oder darfst mal krank sein. Und trotzdem soll alles wie am Schnürchen weiterlaufen. Je nachdem, wie hoch die Schlagzahl ist, in der du aussendest, schaust du ein Mal in der Woche bzw. ein Mal im Monat oder jedes Quartal nach dem Rechten. Für die »Lücken« im Jahreskalender stellst du dir eine Erinnerung ein, damit du sie rechtzeitig füllen kannst. Das war's eigentlich schon. Auch gut zu wissen: So ein Redaktionsplan ist nicht in Stein gemeißelt, sondern kann im laufenden Betrieb angepasst werden. Am besten ist es, wenn das erst gar nicht notwendig wird.

JETZT MACH!

1. Nimm einen dieser altmodischen Jahresübersichts-Kalender zur Hand, am besten so ein riesiges, tapeten-artiges Teil (leider meistens hässlich).
2. Für welchen Kanal (oder mehrere?) willst du den Redaktionskalender anlegen?
3. Wie oft willst du aussenden?
4. Markiere jeweils die Woche bzw. den Wochentag, an dem du etwas der Welt mitteilen willst. Wenn du z. B. alle 2 Monate einen neuen Flyer mit dem aktuellen Menü rausgibst, wähle danach die entsprechenden 6 Wochen aus.
5. Du überlegst dir, welche saisonalen oder regionalen Anlässe es gibt. Ostern? Kirchweih-Fest?
6. Du schreibst Ideen für Inhalte schon in jede betroffene Woche hinein, aber noch wichtiger: Du schreibst dahinter, wer sich darum kümmern könnte. Das sollst nämlich nicht alles nur DU machen.
7. Leg die 10-spaltige Tabelle an, die dir zuerst wie ein Monstrum vorkommen wird, die du aber später sehr lieb haben wirst.
8. Fülle brav alle Spalten aus (oben wird gezeigt, wie's gemacht wird) und fang endlich an, dich zu entspannen.
9. Leg ein paar neuralgisch wichtige Punkte im Jahr fest (bau dir Erinnerungen in dein Smartphone ein), an denen du deinen Redaktionskalender pflegst. Hier gilt: Weniger ist mehr, sonst setzt du dich nur unter Druck, und genau das Gegenteil willst du ja mit deiner Geheimwaffe »Redaktionsplan« erreichen.

WENN MEHR ZEIT ODER EIN DIENST-LEISTER DA IST

Pflicht beiseite, wir kümmern uns um die Kür. Solltest du irrwitziger-
weise als Gastronom oder Hotelier Zeit übrig haben, dann freu dich auf
die folgenden drei Kapitel. Hast du keine Zeit und kein Geld, lass dich
wenigstens von der Lektüre unterhalten. Hast du keine Zeit, aber Geld,
drück dieses Buch einem vertrauenswürdigen Dienstleister in die Hand und
zwinge ihn unter vorgehaltenem Hackmesser, die nächsten drei Kapitel zu
inhalieren.

# STORYTELLING
MENSCHEN LIEBEN GESCHICHTEN

DAS KAPITEL IN 7 SEKUNDEN

* Jeder Mensch hört gerne Geschichten. Sie unterhalten nicht nur, sondern erklären die Welt, liefern Informationen und stiften Gemeinschaftsgefühl.
* Eine gute Geschichte braucht einige wiederkehrende Elemente, damit sie spannend und unterhaltsam ist: eine Hauptfigur und ihr Ziel, einen Gegenspieler und Hindernisse und zuletzt eine Veränderung oder einen Sinneswandel einer der Hauptfiguren.
* Gute Geschichten bedienen Grundbedürfnisse des Menschen, z. B. die Sehnsucht nach Freiheit und Entfaltung. Ein typisches Filmgenre wäre dafür das Roadmovie.
* Inhalte fürs Storytelling finden sich überall: von der Historie des Betriebs angefangen über die Mitarbeitenden bis hin zu Gegenständen im Gastraum.
* Storytelling bedeutet nicht unbedingt, ein ganzes Drama von A bis Z zu erzählen. Einzelne Geschichten-Ausschnitte reichen, um das Kopfkino anzuwerfen.
* Jeder Story-Schnipsel lässt sich mehrfach verwenden: in verschiedenen Print-Produkten (Gästemappe, Speisekarte, Hauszeitung usw.) und in den digitalen Kanälen (Website, Facebook, Blog usw.).

Warum fährt jeder Mensch auf gut erzählte Geschichten ab? Weil es die Urform der menschlichen Kommunikation ist. Über Geschichten wurde und wird Wissen weitergegeben und das Zusammengehörigkeitsgefühl einer Gemeinschaft gestärkt. Und natürlich dienen sie seit jeher der Unterhaltung. Informationen, die in Geschichten eingebettet sind, werden besser erinnert. Das Schöne (und Beruhigende): Geschichten sind überall, du musst nur ein klein wenig aufmerksam dafür sein.

GUTE STORYS BESTEHEN AUS FÜNF ELEMENTEN

Wenn wir in einem Roman, einem Film, einer mündlichen Erzählung mit einer Figur mitfiebern bis zum Schluss, handelt es sich um den sogenannten »**Helden**« oder die »**Heldin**« einer Geschichte. So eine Person (es kann übrigens auch ein Tier sein) braucht jede gute Geschichte, denn der Mensch möchte sich gerne mit jemandem identifizieren können. (Element 1)

Spielen wir das an einem Beispiel durch: Da ist dieses Gartencafé mit Steg an einem idyllischen Seeufer. Die Anrainer wollen den Uferweg privatisieren lassen, etliche

Gerichtsverfahren werden angestrengt. Für die Pächterin des Cafés, eine 70-jährige gestandene Gastronomin mit silberner Haarmähne, bedeutet das die Schließung, denn ohne Uferweg kommen keine Gäste mehr und legen keine Urlaubspaddler mehr an. Die alte, zähe Dame jedoch gibt sich nicht so schnell geschlagen. Na, haben wir eine Heldin?

Weiter geht's: Die besagte Heldin muss ein **Ziel** haben. Ohne Ziel keine Story, sondern nur ein Bericht. (Element 2) Die Heldin geht spazieren? Öde. Welches Ziel hat unsere Frau mit den silbernen Haaren? Ein ganz klares: den Laden erhalten. Gut. Nun fehlen noch drei weitere Elemente:

Wir brauchen **Hindernisse**. (Element 3) Ohne Schwierigkeiten gibt es in der Geschichte keine Spannung, keine Dramaturgie. Wenn unsere Pächterin zu den Anrainern geht und sagt: »Finde ich gar nicht gut, was ihr da vorhabt«, und die Anrainer sagen: »Okay, wir hören damit auf«, dann ist die Story zu Ende, bevor sie richtig angefangen hat. Und außerdem ist sie stinklangweilig. So einfach darf das nicht sein. Wir wollen ja ein wenig mitfiebern, bangen, zittern und so weiter.

In unserer Geschichte könnte es diese Hindernisse geben: Pachtvertrag ist nicht zu finden, Beweislast liegt bei der Heldin. Oder: Sie hat bestimmte rechtliche Vorgaben nicht eingehalten und wird verklagt. Oder: Der Steg ist morsch und stellt eine Gefahr dar. Oder: Sie hat keinen Nachfolger, sondern stemmt alles selbst, obwohl sie bereits einen Kollaps hatte. Und so weiter.

Idealerweise gibt es einen **Gegenspieler** (Element 4), der unserer Heldin das Leben zur Hölle macht. Unsere Pächterin bekommt von den Anrainern ein böses Schreiben, das ihr die Pistole auf die Brust setzt. Oder: Die schicken in der Nacht Leute, die den Steg zerstören. Oder: Es gibt eine besonders fiese Juristin unter den Nachbarn, die die Heldin mit Klagen überzieht. Und so weiter.

Und nun zum Element 5, einem sehr interessanten Bestandteil: der **Wandel** des Charakters. Das bedeutet, dass einer der Protagonisten, sei es der Held oder der Gegenspieler oder eine weitere sehr wichtige Figur, einen tiefgreifenden Wandel durchmacht. Die Figur verwandelt sich von gut zu böse oder von böse zu gut. Oder vom Ordnungsfanatiker zum Schlunz, vom Kinderhasser zur kinderlieben Person, vom Wohltäter zum verbitterten Kämpfer.

Also: Unsere Pächterin wird eine verbitterte alte Hexe. Oder: Unsere Juristin sieht, wie die alte Frau morgens um sechs auf dem Steg die aufgehende Sonne anbetet, und wird plötzlich ganz demütig und sanft. Oder: Die Schurken, die den Steg ansägten, werden von den Anrainern um ihren Lohn betrogen und schlagen sich auf die Seite der Pächterin. Oder: Die Pächterin liest abends juristische Fachliteratur und avanciert zur schlagfertigen Hobby-Juristin, die sich fortan selbst vertritt und die Prozesse alle gewinnt. Und so weiter.

Nicht immer geht es so dramatisch zu. Muss es auch nicht. Aber das Grundprinzip ist wichtig, sonst wird keine Geschichte draus, der dein Gast gerne zuhört.

Der sympathische Hamburger Laden **SomeDimSum** nimmt eine Story als Aufhänger, um die eigene Leidenschaft für das, was sie tun, zu betonen. »Uncle He« ist der Held, der stellvertretend für die Gastronomen zahlreiche Hindernisse überwindet, und es ist klug von den Kollegen, dieser Story einen prägnanten Platz in ihrem Webauftritt und in ihrem Betrieb vor Ort einzuräumen. Lies selbst.

GRUNDBEDÜRFNISSE DES PUBLIKUMS

Neben den Grundelementen einer Story schaut sich ein guter Geschichtenerzähler auch an, was sein Publikum möchte. Will es einen Krimi sehen, eine Romanze erzählt bekommen, sich auf ein Roadmovie einlassen? Jedes Genre befriedigt bestimmte Grundbedürfnisse des Menschen. Es gibt unzählige Modelle, die die Bedürfnisse des Menschen darstellen. Vielleicht kennst du die Maslowsche Pyramide? Nein? Macht nichts. Wir haben eine ähnliche, ganz einleuchtende Darstellung für dich:

Eines dieser vier Felder bewegt deine Zuhörer oder Leser meistens etwas stärker als die anderen drei. Du musst für dich und deinen Betrieb kritisch prüfen: Welches Feld »bedienen« wir mit unserer Arbeit, unserem Angebot, unserem Ort, unserem Gebäude? Wenn du das für dich identifiziert hast, kannst du dich auf eine Story konzentrieren, die auf genau jene Bedürfnisse deiner Gäste einzahlt und die deiner Kommunikation zugrundeliegt, wie ein roter Faden, der sich durch alles hindurchzieht.

SICHERHEIT & STABILITÄT

GEMEINSCHAFT & LIEBE

FREIHEIT & UNABHÄNGIGKEIT

SELBSTVERWIRKLICHUNG & ENTFALTUNG

UNCLE HE
The short Story of a long Journey called Love

Uncle He war ein großartiger Koch, aber auch ein großer Angsthase. Nie verließ er seine Küche.

Eines Tages kam ein Mädchen, ihm frische Kräuter zu bringen, und Uncle He verliebte sich Hals über Kopf.

Aber das Mädchen kam nicht wieder. Da fasste sich Uncle He ein Herz und machte sich auf, seine Liebe zu finden. Es sollte eine lange Reise werden, eine Reise voller Gefahren.

Uncle He fuhr ohne Sauerstoff mit einem klapprigen Moped über den Himalaya.

Uncle He bezwang Su-Su, den legendären, ungeschlagenen Thai-Ringer.

Nichts konnte Uncle He aufhalten, weder die Zwillingsalligatoren in der Südsee, noch die Sturmfluten der Nordsee. Uncle He fand sich in 1.000 Abenteuern, nur sein Mädchen, das fand er nicht. Trotzdem ist Uncle He glücklich. Und seine Liebe wächst Tag für Tag.

Wenn du etwas so sehr liebst wie Uncle He, dann fass dir ein Herz und schnapp dir ein DimSum.

SomeDimSum
Fass dir ein Herz

Der **Nassauer Hof** in Wiesbaden setzte sich bei seiner Neuausrichtung in 2017 mit seinem Markenkern kritisch auseinander. Der Betrieb identifizierte sehr klar, welches der oben genannten Grundbedürfnisse er befriedigen wollte und konnte.

Auf die Frage, was die Philosophie (die zugrundeliegende Story) des Hauses sei, antwortet Julia von Deines im Interview: »Unsere neuen Kernattribute sind Grand-hotel seit 1813. Wertschätzung. Leidenschaft. Charakterstück. Diese Attribute ziehen wir jetzt wie einen roten Leitfaden durch das Hotel und erarbeiten, wie wir in Logis, in den Restaurationen, im Wellness- und im Mitarbeiterbereich diesen gerecht werden und sie mit Leben füllen. Gleichzeitig werden diese anhand von Geschichten auf den unterschiedlichen Kanälen nach außen hin kommuniziert.«

(Quelle: ahgz.de, Nr. 33, 19.8.17)

Rate mal! Was wird gespielt? Welches der vier Bedürfnisse wird hauptsächlich bedient? Genau, das blaue Feld links oben: Sicherheit und Stabilität. Sobald du das so klar für deinen Betrieb beantworten kannst, wird das zum Thema, das du überall spielen kannst, ohne dass du es dem Gast direkt auf die Nase binden musst. Es ist eine unter-schwellig platzierte Geschichte, eine Storyline.

INHALTE FÜR STORYS FINDEN

Wo findest du Inhalte, aus denen du Geschichten oder kleine Storyschnipsel basteln kannst? Hier einige Vorschläge und ein paar Ideen zu Fragen, die du dir stellen kannst:

Historie des Ortes
- Gab es schon immer Hotellerie und Gastronomie an diesem Ort?
- Geschichte des Hauses (Was war vorher in dem Haus?)
- Geschichte über den Gründer/Gründerin (Der sogenannte Gründungsmythos beschreibt die Motivation der Inhaber).
- Lebenslauf einzelner Teammitglieder (Hat einer von denen schon mal was Verrücktes gemacht? Woher kommen die Kollegen?)
- Einrichtungsgegenstände (Was haben die alles »gesehen«?)
- Objekte wie Geschirr, Gläser, Deko (Hat man intern schon mal über Geschmack gestritten?)
- Gäste (Promis? Kinder, die etwas Herziges angestellt haben? Heiratsanträge vorm Kamin?)
- Lieferanten (Auf wen kann man sich seit Jahrzehnten verlassen? Warum?)
- Region, Landschaft (Welche Sagen, welche Traditionen gibt es?)

Die Liste ist endlos. Wenn du dir eins davon herauspickst und dir den Helden/die Hel-din überlegst, das Ziel, die Hindernisse – dann bist du schon mittendrin in deiner Story.

DER GRÜNDUNGSMYTHOS

Die zwei Nerds in der kalifornischen Garage? Ein Mythos. Jeder weiß, dass damit Apple gemeint ist. Auch du hast einen Gründungsmythos! Du findest ihn wahrscheinlich unspektakulär – aber was, bitte, ist an einer Garage im Westen der USA spektakulär? Es geht um die Story dahinter.

EISMANUFAKTUR PAUL MÖHRING, BERLIN
Allein schon das lustige Branding der Eismanufaktur aus dem Prenzlauer Berg in Berlin macht Laune, sich die Website und den Facebook-Auftritt anzuschauen:
Auf der Website erwartet einen neben einem lustigen Video ein kurzer Abriss dessen, wie es zu dem ungewöhnlichen Softeis-Betrieb gekommen ist. Erzählt wird die Story von David Heinz, Pauls Schwiegerenkel:
Bei Paul Möhring führen wir die Eistradition von Opa Paul (1906–1990) in dritter Generation fort. Auf der Grundlage seiner ursprünglichen Rezepte haben wir Eis noch einmal ganz neu interpretiert. Früher ging die Geschichte so: Immer wenn es geschneit hat, hat Paul auf seinem Hof in Brandenburg Eis hergestellt. Zuerst ging er mit einer Emailleschüssel und seinem zerbeulten Aluminiumtopf auf den Hof. In die Schüssel füllte er dann Schnee und in den Topf Milch, Eigelb, Zucker, Vanille und eine Prise Salz. Zum Schluss hat er den dünnen Aluminiumtopf in die große Emailleschüssel gesetzt und die Zutaten zu einem wunderbaren, zart-cremigen Eis verrührt. Das alles dauerte eine kleine Ewigkeit. Ganz am Ende kam dann die Familie zusammen – und das Eis war nach wenigen Minuten weg. Paul Möhring wurde im Mai 2017 eröffnet. Mit einem umfangreichen Sortiment traditioneller Eissorten und mit abgefahrenen Toppings definieren wir Next Level Ice Cream im Herzen Berlins. Herzlich willkommen! David B. Heinz (Pauls »Schwiegerenkel«)«
www.paulmoehring.de

Ein echter Gründungsmythos, und wir sehen den zerbeulten Aluminiumtopf im Schnee genau vor uns. Hier wird der Gegenstand fast so wichtig wie der eigentliche Held Paul. Chapeau, gut erzählt!

STORYSCHNIPSEL

Am Beispiel von Paul Möhring siehst du, dass kleine Schnipsel reichen, um das Kopfkino bei deinen Lesern anzuwerfen. Storytelling bedeutet nicht, dass man eine Geschichte von Anfang bis Ende erzählen muss und dass alle fünf Basiselemente (Held, Ziel, Gegenspieler, Hindernis, Wandel des Charakters) drin vorkommen müssen. Es reicht, mit leichtem Pinselstrich ein Bild zu entwerfen, von dem sich der Gast emotional angesprochen fühlt.

Ein Biohotel, ein Akteur der ersten Stunde in Sachen Bio-Hotellerie, hat bisher fast ausschließlich mit verschiedenen Gütesiegeln geworben. Mittlerweile gibt es einen unüberschaubaren Markt an Bio-zertifizierten Hotels und Restaurants. Ein neuer Ansatz muss her. Das Hotel besinnt sich auf seine Geschichte und kommuniziert diese an allen Markenkontaktpunkten konsequent:
Vom einfachen Obstbauern zum 4-Sterne-Superior-Betreiber.
Zum Beispiel so: Im Foyer steht eine alte Saftpresse. Daneben gibt es ein ansprechend gestaltetes Schild: »Johann hat diese Obstpresse schon 1951 als Grundschüler bedient. Heute arbeitet seine Enkelin Marianna mit moderner Hydraulik, wenn es darum geht, die besten Säfte der Region zu produzieren.«
Ein solch winziger Ausschnitt aus einer Story hat bereits den gewünschten Effekt:
Was kann sich der Gast wohl besser merken? Die verschiedenen Gütesiegel oder dass im Foyer diese alte Saftpresse steht, an der der Gründer sich als Schüler abmühen musste?

Auf sehr angenehme Weise verbindet das Düsseldorfer me and all hotels das Element des Storytellings mit nützlichen Informationen. Auf der Website des Hotels wird z. B. der Koch Anthony vorgestellt mit dem Hinweis: »One minute story über Anthony«. Eine Minute – das ist genau die richtige Zeitportion, um die Neugier des Gastes zu befriedigen, ohne sich zu sehr zeitlich vereinnahmt zu fühlen.

www.duesseldorf.meandallhotels.com/blog.html

- Ferienwohnungen in Knipsers Halbstück, Pfalz: Zu jeder Saison wird eine Miniatur, ein Storyschnipsel erzählt, die den Gast daran erinnert, dass hinter diesem Betrieb echte Winzer stecken.
- Goldener Herbst / Unser Herbst-Spezial: Wenn die Winzer im Wingert persönlich anzutreffen sind, das Blattwerk seine bunten Farben annimmt und die Sonne die Weinreben und Felder golden anstrahlt, ist der Herbst in der Pfalz angekommen. Höfe öffnen Ihre Pforten und verkaufen selbst Angebautes und frisch Geerntetes, und der »Federweiße« findet seine Abnehmer. Genießen Sie diese wunderbaren Momente und nehmen Sie sich ein paar wohlverdiente Stunden zu zweit. Jetzt ist die perfekte Zeit, noch einmal Sonne zu tanken und Kräfte für den Winter zu sammeln.
- Klare Luft / Unser Winter-Spezial: Es wird ruhiger in der Pfalz, und Ihre »Hochzeit« vom Herbst neigt sich dem Ende zu. Die Winzer sind in Ihrem Keller verschwunden, schauen Ihren Weinen beim Gären zu und freuen sich auf den neuen Jahrgang. Die Weinberge sind nun abgeerntet und die klare frische Luft zieht durch die Rebstöcke und lädt zu langen Spaziergängen zum Durchatmen ein. Die perfekten Tage, um selbst zur Ruhe zu kommen, bevor die vielen Weihnachtsfeiern und der jährliche Trubel rund um das Fest der Liebe beginnt.

www.halbstueck.de/ferienwohnungen/

KÖNNEN DRINKS GESCHICHTEN ERZÄHLEN?

Barkeeper können das auf jeden Fall. Sie kennen alle menschlichen Emotionen und Abgründe, die sich an ihrem Tresen auftun. Übertrag es einfach mal auf die Namen deiner Drinks. Wetten, dass deine Gäste anfangen, sich darüber zu unterhalten, den Barkeeper befragen, mit anderen Gästen ins Gespräch kommen? Jede dieser kreativen Bezeichnungen lässt eine Erinnerung, eine Situation, ein Bild aufsteigen – auch das ist Storytelling.

- Ich wusste nicht, wie spät es war
- Hätten wir einander doch nur früher kennengelernt
- You look beautiful today
- Sein oder nicht sein
- Soll ich? Soll ich nicht?
- Zu dir oder zu mir?
- Es ist nie zu spät für eine schöne Vergangenheit

JETZT MACH!

1. Sammle deine ersten Storyschnipsel ein, indem du Kollegen befragst: Was habt ihr hier erlebt? Wer weiß noch etwas aus der Zeit vor ...?

2. Schreib den Gründungsmythos des Ladens auf. Frag dich durch, bis du eine ungefähre Vorstellung von den Anfängen hast.

3. Jetzt hast du Material fürs Storytelling. Schau dir an, welches Grundbedürfnis dein Betrieb am allermeisten bei deinen Gästen befriedigt. Beispiel: Du bist ein kleiner Hostelbetrieb am Rande von Hamburg. Die 4-Bett-Zimmer sind klein, dafür gibt es eine riesige, lässige Lounge, wo alle in Scharen abhängen. Bedürfnis der Gäste: Wohl eher nicht Stabilität und Sicherheit, sondern Gemeinschaft.

4. Hast du das Bedürfnis erkannt (und dein Betrieb bedient es auch tatsächlich, sonst habt ihr ein Problem), schau genau, welche Story am besten passt. Du wirst im Hostel nicht die Story davon erzählen, welche Formulare der Gründer für den Existenzgründerzuschuss ausgefüllt hat, sondern wohl eher, wie geil die Party war, die er geschmissen hat, als der Antrag durch war. 150 Leute und tolle Mucke – das war was! (Gemeinschaft!)

5. Versuche alle Geschichtenschnipsel auf dieses Thema hin zu erzählen. Beispiel: Yoga-Seminarhaus im Oderbruch. Bedürfnis der Gäste: Selbstverwirklichung und Entfaltung. Schnipsel: Das Haus war früher eine Gaststätte mit Tanzsaal und Kegelbahn. Story: Inhaber wollte es in den 40er Jahren aufgeben, weil er keine männlichen Nachfolger hatte. Seiner Tochter wollte er es nicht geben. Der Kneipier starb unerwartet und seine Tochter führte es mit Erfolg weiter, machte es zum wichtigsten Gasthaus in der Umgebung. Und so weiter. (Wäre das Grundbedürfnis der Gäste Sicherheit und Stabilität, würdest du die Geschichte anders erzählen: Du würdest eine klassische Historie beschreiben von der Gründung bis heute.)

6. Hör nie auf zu sammeln. Denn die Schnipsel kannst du für alles, einfach alles gebrauchen: Website, Facebook, Broschüre, Flyer, Blog.

EINE EIGENE SPRACHE FÜR DEINEN BETRIEB

MÖGE DER GAST DICH AM WORDING ERKENNEN

DAS KAPITEL IN 7 SEKUNDEN

* **Fast alle Unternehmen haben ein visuelles Erscheinungsbild (Logo, Brief-bogen, Farben, Schriftart). Wie sieht es eigentlich mit dem Erscheinungsbild der Sprache aus?**
* **Der Sprachgebrauch (in Wort und Schrift) ist ein wichtiges Marken-Merkmal für jedes Unternehmen. Wenn die Sprache bestimmten Regeln folgt und für den Kunden mit dem Unternehmen fest verknüpft wird, spricht man von einer Unternehmenssprache.**
* **Andere Begriffe für Unternehmenssprache sind Corporate Language oder Corporate Wording. Meist werden externe Agenturen mit der Entwicklung einer solchen Sprache beauftragt.**
* **Eine praxistaugliche Unternehmenssprache basiert auf Wörtern und Formulierungen, die sich bereits im Betrieb bewährt haben.**
* **Sie werden ergänzt durch Kernbegriffe, sogenannte Alpha-Wörter, die möglichst häufig in der Kommunikation auftauchen sollten.**
* **Eine Unternehmenssprache sollte in einem ansprechenden Printprodukt oder digital als PDF oder z. B. als App zugänglich gemacht werden.**
* **Um allen Mitarbeitenden einen praktikablen Zugang zur Unternehmens-sprache zu ermöglichen, sind Schulungen notwendig.**

»Mach es dir gemütlich mit Flottebo.« (Ikea)
»Der Duft der Pflege.« (Nivea)
»Erleben Sie den Komfort der zukunftsweisenden Fahrassistenzsysteme.« (BMW)
»Verbesserter Geschmack. Null Zucker. Jetzt probieren.« (Coca-Cola)

Diese Unternehmen arbeiten mit einer Sprache, die einen hohen Wiedererkennungs-wert für ihre Marke besitzt. Ikea duzt und strapaziert gerne das Wörtchen »gemütlich«. Bei Nivea ist alles Pflege, zumindest pflegend oder besser noch: gepflegt. BMW siezt und erlaubt sich komplizierte Wörter, denn der Kunde ist eh technikaffin. Coca-Cola formuliert erst gar keine ganzen Sätze; hier klingen selbst einfache Aussagen über das Produkt wie eine Aufforderung: Los, jetzt trink mich schon!

Das ist alles sehr genau durchdacht. Heerscharen von Agenturmenschen beschäf-tigen sich mit der Aufgabe, ein einprägsames Wording zu finden, damit das Unterneh-men mit einer homogenen Corporate Language [Unternehmenssprache] arbeiten kann. Okay, solche Heerscharen habt ihr nicht bzw. könnt ihr euch nicht leisten, aber wer will auch schon wie Coca-Cola sein?!

EIN PAAR BASICS FÜR EIN EIGENES WORDING

Du hast bereits so viel getextet, dass du bestimmt schon ein paar Formulierungen drauf hast, die sich bewährt haben und die du öfter mal wiederholst. Das ist der Grundstock für eure Unternehmenssprache. Und die lohnt sich schon ab wenigen Mitarbeitern. Denn wenn ihr alle dieselben Begriffe und Redewendungen benutzt, merkt der Gast, dass ihr an einem Strang zieht und euch für den Betrieb mit verantwortlich fühlt. Wie kürzlich beobachtet in einem Frisörladen: Dort hieß es nicht »Wir gehen jetzt mal Ihre Haare waschen«, sondern alle sprachen von »Ich bade jetzt Ihre Haare«. Und anstelle von: »Darf ich Festiger ins Haar machen?« hieß es: »Ich trage nun ein Haar-Mousse auf.« Da fühlt man sich als Kundin doch gleich wie ein Hollywood-Star.

Schreib am besten alle wiederkehrenden Formulierungen auf und ordne sie nach Gesprächsanlässen bzw. nach textlichen Berührungspunkten mit dem Gast. Führst du ein Restaurant, könntest du diese Anlässe wählen:

Anlässe Sprechen
- Gast fragt Reservierung an
- Begrüßung beim Betreten des Hauses
- Einladende Worte am Tisch
- Erläutern der Menü-/Weinkarte
- Antworten auf Fragen zu Gerichten/Produkten
- Antworten auf Fragen zu Unverträglichkeiten
- Antworten auf typische Beschwerden
- Antworten auf typische Fragen
  (»Wo habt ihr eigentlich die tollen Fotografien her?«)
- Gast möchte zahlen
- Nachfragen, ob es geschmeckt hat
- Verabschiedung

Der stets um Innovation bemühte Betrieb **Meyers Keller** in Nördlingen hat sich einen kleinen Leitfaden für Sprech-Anlässe entwickeln lassen. Die Mitarbeitenden sind entsprechend geschult, und jede und jeder benutzt ein einheitliches Wording in Bezug auf wichtige Punkte in der Kommunikation mit dem Gast. Ansonsten spricht jeder so, wie er es gewohnt ist. Verbiegen muss sich niemand.

In diesem Ausschnitt geht es um das Thema »Größe der Portionen«. In einem Restaurant mit gehobener Küche taucht diese Frage durchaus immer wieder auf. Die Teammitglieder haben viele Möglichkeiten, der Frage nach der Portionsgröße charmant zu begegnen. Die dunkelrot gesetzten Wörter und Wortgruppen sind übrigens Alpha-Wörter, die nicht verändert werden dürfen. Dazu mehr im nächsten Abschnitt.

FRAGE / EINWAND DES GASTES	KONTEXT	♥ WORDING	☀ GINGE	BESSER NICHT ⚡
Werde ich denn davon satt?	Überraschungs-menü oder einzelne Gerichte	Die 3 Gänge sind so abgestimmt, dass Sie **mit Genuss und Freude essen** können.	Übrigens, es gibt auch noch den Gruß aus der Küche.	Ach, das wird schon reichen.
Ist das nicht zu viel?	Menü Genuss-momente	Wenn Sie 5 Gänge wählen, können Sie **mit Genuss und Freude essen.**	**Nehmen Sie sich Zeit,** wenn Sie 8 Gänge essen möchten.	Keine Sorge, Sie schaffen das schon.
Kann ich das als Vorspeise haben?	Gast möchte kleine Portion essen.	Bei unserer **klassischen Rieser Wirts-hausküche** ist es möglich, den Gang als Vorspeise oder Hauptgang zu essen.	Gerne bereiten wir Ihnen das als Vorspeise zu.	Ja, dann packen wir einfach weniger auf den Teller.

Eine solche Tabelle oder Liste kannst du nicht nur für Sprech-Anlässe, sondern auch für Schreib-Anlässe machen. Nehmen wir an, du führst ein kleines Hotel. Deine Liste zum Thema »Schreiben« sieht vielleicht so aus:

Anlässe Schreiben
- Buchungsbestätigung
- Anfahrtsbeschreibung
- Nachfrage nach bestimmten Wünschen/Allergien
- Begrüßungstext auf dem Bildschirm/dem Tablet im Zimmer
- Text auf Rechnung

Das sind nur einige wenige Beispiele. Wenn du der super-organisierte Freak und ein großer Fan von kontinuierlichen Verbesserungsprozessen bist, mach dich gleich todesmutig an die Mega-Checkliste am Ende des Buches und arbeite sie akribisch ab. Die nächste Zertifizierung in Sachen Kommunikation ist dir sicher.

Unternehmenssprache

SAG'S MIT ALPHA-WÖRTERN

Alpha-Wörter sind bestimmte Begriffe, die immer wieder im Zusammenhang mit einer Marke/einem Unternehmen auftauchen. So wie Nivea das mit dem Begriff »Pflege« tut. Wenn du drei bis fünf solcher Wörter für deinen Betrieb festlegst, wird sich dein Laden besser im Kopf des Kunden einnisten. Diese Begriffe solltest du nicht nach Bauchgefühl oder willkürlich festlegen. Die Alpha-Wörter werden aus Wortbedeutungsfeldern regelrecht destilliert. Bei uns in der Agentur gehen wir so vor, dass wir zunächst zwei bis drei Themen bestimmen, die sich wie ein roter Faden durch einen Betrieb ziehen. Danach schauen wir, was unser Sprachschatz so alles hergibt in Bezug auf diese Themen. Wir sieben und sichten so lange, bis Kernbegriffe übrigbleiben, die unverwechselbar sind und die perfekt zum Betrieb passen.

Eine Museumsgaststätte hat nach einem knackigen Kick-off-Workshop die Themen »Schmiede« und »Familie« als wichtigste roten Fäden ihres Betriebes identifiziert.
Daraus generieren wir Felder mit Wörtern, die den verschiedenen Bedeutungen von »Schmiede« und »Familie« entsprechen. So bedeutet Schmiede z. B. Ort, Handwerk, etwas zusammenfügen, etwas formen, auch im übertragenen Sinn (Kaderschmiede), ehrbare Tätigkeit, fester Platz usw. Aus diesen Bedeutungen destillieren wird die Alpha-Wörter, und zwar nur solche, die für das alltägliche Sprechen und Schreiben im Betrieb tauglich sind.
Im Fall der Museumsgaststätte sind dies die Alpha-Wörter:
• Handwerk
• alt
• Feuer
• solide
• familiär
Nun werden diese an allen Markenkontaktpunkten möglichst häufig benutzt. Etwa so:
• Hier finden Sie **solide** Preise. (Kreidetafel mit Menükarte)
• Kinder sind in unserem **familiären** Restaurant willkommen. (Website)
• Wir lieben das ehrbare Küchen**handwerk**. (Platzdecken aus Papier mit einer alten Zeichnung von Amboss und Schmiede)
• **Feuriges** Schnitzel, nicht für feine Wiener geeignet. (News auf der Facebook-Seite zum Thema Schnitzel-Woche)
• **Alt** is beautiful. (ein gutes (!) Foto vom dry-aged Rindfleisch auf Instagram)

DIE SPRACHE IN EINE PRAXISTAUGLICHE FORM GIESSEN

Alles gut und schön. Alpha-, Beta-, meinetwegen auch Gamma-Wörter, aber wie krieg ich's ins Hirn meines Teams? Erst einmal: Es muss irgendwo gut aufbereitet werden. Erster Gedanke: Ein Handbuch, ein kleines Ringbüchlein, ein Booklet, ein Heftchen, was auch immer. Es soll schön aussehen, auf dass sich deine Mitarbeitenden auch gerne damit befassen. Lass es ordentlich layouten.

Wenn du ganz weit vorn mitspielen willst und die Digitalisierung kein böses Fremd-wort für dich ist, sondern eine willkommene Veränderung, biete das Wording gleich digital an: Als PDF zum Download oder als Microsite [Mini-Website], die responsiv für alle Endgeräte programmiert ist. Oder gleich als kleine App, die deine Leute jederzeit parat haben, weil sie eh dauernd ihre Smartphones zücken und Nachrichten checken (wie deine Gäste auch).

Das Resort Mark Brandenburg in Neuruppin arbeitet mit zwei Handbüchern:
Schreiben und Sprechen. Das Handbuch Schreiben ist vor allem für das Backoffice gedacht, wo die meisten Texte verfasst werden. Hier sind einheitliche Schreibweisen und Begrifflichkeiten geregelt. In einer umfassenden Sammlung von Formulierungen wird jeder, der eine E-Mail oder ein Angebot verfasst, schnell fündig.
In diesem Beispiel aus dem Handbuch SCHREIBEN geht es darum, eine Stornierung zu bestätigen.

Erläuterung	E-Mail
Der Betreff macht neugierig, ungewöhn-liche Formulierungen unterstreichen den Charakter des Resorts	Ihre Auszeit im Resort Mark Branden-burg ist abgesagt Sehr geehrter …..,
Emotionaler Einstieg **Hier wird dem Kunden in starken Bildern vor Augen geführt, was er verpasst. Natürlich charmant (nicht vorwurfsvoll) geschrieben.**	Ihre Auszeit im Resort Mark Branden-burg ist abgesagt? Wie schade, wir hatten schon alles für Sie vorbereitet: Der glitzernde Ruppiner See in der Sonne, ein prickelndes Getränk auf der Terrasse und ein wohltuendes Bad in unserer Naturheilsole.
Die Bestätigung folgt, jedoch mit einem emotionalen, persönlichen Anstrich.	Sie werden uns fehlen – Ihre stornierte Buchung RMB1111 bestätigen wir hiermit.
Positive Worte **Als Frage formulierte »Einladung«, ein anderes Mal vorbeizuschauen** **Starker, fast poetischer Claim unterstreicht das Besondere am Resort, die Sehnsucht wird beim Leser geschürt**	Vielleicht freuen Sie sich ein anderes Mal auf eine unbeschwerte Pause bei uns? Es verspricht ein besonderer Sommer* zu werden. *anzupassen, je nach Jahreszeit Freundliche Grüße aus dem Resort Mark Brandenburg

Unternehmenssprache

Das Handbuch SPRECHEN ist vor allem für die Arbeit am Gast gedacht: Rezeption, Restaurant, Service. Hier gibt es klare Ansagen, wie mit dem Gast gesprochen wird. Listen mit den beiden Kategorien »Lieber nicht« und »Besser so« machen es den Mitarbeitenden leicht, die richtigen Worte zu finden. Ein Drehbuchautor hat extra dafür kleine Szenen entwickelt. Die Dialoge verdeutlichen, welches die gewünschte Wortwahl gegenüber dem Gast ist.

In dieser Szene aus dem Handbuch SPRECHEN geht es um Fragen der Gäste zum Frühstücksbuffet.

Die Leitners sitzen mit ihrem kleinen Sohn im Frühstückraum. Bettina tritt an ihren Tisch und serviert Herrn Leitner ein Kännchen Kaffee. Frau Leitner wundert sich, dass bei ihr keine Tasse steht.

Frau Leitner: Weshalb ist hier nicht mit Tassen eingedeckt?

Bettina deutet erläuternd auf die mitgebrachte Tasse, die sie gerade eingießt.

Bettina: Unsere Tassen kommen angewärmt aus der Küche. Unsere Gäste sollen richtig schönen heißen Kaffee bekommen.

Frau Leitner: Das finde ich ja mal sinnvoll!

Bettina: Kann ich Ihnen noch etwas Gutes tun?

Frau Leitner: Haben Sie frisch gepressten Orangensaft?

Bettina: Wir haben einen sehr schönen Orangensaft aus spanischen Früchten, die vor Ort gepresst werden und frisch abgefüllt zu uns geliefert werden.

Frau Leitner: Warum pressen Sie nicht hier ganz frisch? Es geht doch nichts über diesen Geschmack.

Bettina: Wir werden tatsächlich bald direkt hier Säfte pressen – und zwar aus heimischem Obst. Wir stehen in Kontakt mit Bauern, die Streuobstwiesen rund um den Ruppiner See besitzen. So können wir Ihnen demnächst lokale Fruchtsäfte anbieten. Apfelsaft, Birnensaft, Holundersaft – alles sehr gesund und sehr lecker.

Frau Leitner: Eine schöne Idee! Unsere heimischen Früchte müssen sich neben der Orange ja nicht verstecken. Wenn das so ist, dann nehme ich jetzt erst einmal einen Latte Macchiato!

Bettina deutet auf den Kaffeeautomaten, der etwas entfernt steht.

Bettina: Sehr gern. Latte Macchiato und andere Kaffeespezialitäten können Sie sich an der Maschine dort zubereiten.

Frau Leitner: Mein Mann bekommt seinen Kaffee serviert, und ich muss meinen Latte Macchiato selbst holen?

Bettina lächelt sie an.

Bettina: Der Filterkaffee wird in der Küche zubereitet. Deshalb servieren wir ihn hier im Frühstücksraum. Die Kaffeespezialitäten werden an der Maschine frisch gebrüht. Jeder Gast kann sich seinen Lieblingskaffee direkt selbst zusammenstellen.

Frau Leitner: Na, wenn das so ist…

Bettina: Unsere Gäste lieben diesen Automaten. Soll ich Ihnen kurz zeigen, wie einfach er sich bedienen lässt? Natürlich bringe ich Ihnen auch einen Latte Macchiato hier an den Tisch, wenn Sie das möchten.

Sohn Leitner: Lass uns das machen, Mami! Ich helf dir!

Frau Leitner: Na, gemeinsam werden wir das schon hinkriegen.

Bettina: Ich werde Sie im Auge behalten und bin sofort bei Ihnen, wenn Sie Hilfe brauchen. Jetzt erfreuen Sie sich an Ihrem Frühstück.

EINE UNTERNEHMENSSPRACHE IMPLANTIEREN

Zugegeben, es bedeutet anfangs einen gewissen Aufwand, eine Unternehmenssprache zu etablieren. Du kannst das auch delegieren: Betriebsfremde Leute kommen und machen eine Bestandsaufnahme von dem, was bei euch so gesagt und geschrieben wird. Aus der anschließenden Auswertung folgt ein schlüssiges Konzept fürs Wording, das dir die Alpha-Wörter gleich mitliefert. Du schaust nur, ob ihr euch tatsächlich in dem wiedererkennt, was die Außenstehenden für euch entwickelt haben. Bestehe auf einer ordentlichen Dokumentation und einem Handbuch, damit du in Zukunft vom Dienstleister unabhängig agieren kannst.

Außerdem gibt es entsprechende Schulungen der Mitarbeiter, die du entweder selbst übernehmen kannst oder ebenfalls an methodisch versierte Trainer delegierst. Wie immer gilt auch hier: Mach das, was du am besten kannst! Und entlaste dich von dem übrigen Zeugs. Dann wird das auch was.

JETZT MACH!

1. Schreibe Wörter und Formulierungen auf, die ihr im Betrieb sowieso schon benutzt und die sich bewährt haben.
2. Notiere dir Anlässe, bei denen es besonders auf den richtigen Sprachgebrauch ankommt. Diese Anlässe können Sprech-Anlässe sein (Aug-in-Aug mit dem Gast) oder schriftliche Kommunikation (Angebote, Absagen, Bestätigungen usw.).
3. Leg eine Tabelle an, am besten mit fünf Spalten: Gesprächsanlass, mögliche Aussage/Einwand des Gastes, Antwort des Personals, Alternative und zuletzt das No-Go.
4. Geh diese Tabelle bewusst im Team durch. Das macht Spaß, und so sammelst du noch mehr Anlässe und Beispiele ein. Besonders lustig ist es, wenn ihr die No-Gos bestimmt. Komischerweise fallen einem da die besten Sachen ein.
5. Lass das Ganze gut layouten, bring es in eine Form, mit der jeder gerne arbeitet. Überlege dir, ob es ein Print-Format oder ein Digital-Format sein soll. Da hängt von den Gewohnheiten deiner Leute ab.
6. Schule dein Team. Schule dein Team. Schule dein Team.

MITARBEITER FINDEN

GUTE LEUTE BRAUCHEN EINE GUTE ANSPRACHE

DAS KAPITEL IN 7 SEKUNDEN

* **Der Spieß hat sich umgedreht: Die Bewerber kommen nicht mehr zu den Unternehmen, sondern die Unternehmen müssen zu den Bewerbern gehen [Procruiting statt Recruiting].**
* **Das bedeutet, der ganze Prozess des Bewerbens muss schlanker und interessanter werden. Betriebe müssen lernen, aussagekräftiger zu sein.**
* **Floskeln ziehen nicht mehr, Fantasie ist bei den Stellenbeschreibungen gefragt.**
* **Ein gepflegter Webauftritt ist für die meisten Bewerber die erste Kontaktfläche, nach der sie einen potenziellen Arbeitgeber beurteilen. Es lohnt sich also nicht nur der Gäste wegen, die digitalen Kanäle durchdacht zu bespielen.**
* **Viel Zeitersparnis bedeutet es, Bewerbungsprozesse online anzubieten.**
* **Im Vorfeld zu einem Gespräch signalisiert man dem Bewerber, dass man ihn ernst nimmt, wenn man ihm Informationen über die Teilnehmer an dem Gespräch zukommen lässt.**
* **Manchmal ist ein einzelner digitaler Kanal wie Facebook, Instagram oder eine eigene Microsite [kleine Website] die richtige Fläche, um den Betrieb potenziellen Bewerbern vorzustellen. Auch Azubis und Teammitglieder finden es angenehm, wenn ein bestimmtes digitales Medium nur ihnen »gehört«.**

Geniale Texte wirken sich auch segensreich aufs Recruiting aus. Dem Mangel an Azubis und Fachkräften kannst du mit flotten Jobanzeigen und knackigen Beschreibungen deines Betriebs wirksam begegnen. Mit den ganz normalen Stellenanzeigen lockst du niemanden mehr hinter dem Ofen hervor. »Wir sind ein motiviertes Team und suchen Sie als Verstärkung usw.« – Bloß nicht. »Bitte senden Sie Ihre aussagekräftigen Bewerbungsunterlagen usw.« – Seufz. Potenzielle Bewerberinnen und Bewerber möchten sehr genau wissen, mit wem sie es zu tun haben. Was zeichnet deinen Betrieb aus? Was ist für die Mitarbeitenden bei euch anders als bei anderen Arbeitgebern? Hier sind knackige Texte fürs Recruiting gefragt.

Ein kleines Café sucht händeringend Service-Personal. Von der Idee, ausgebildete Restaurantfachleute zu finden, hat man sich bereits verabschiedet. Studentische Aushilfen wären erst einmal prima. Aber die Studis suchen sich ihre Jobs sehr genau aus. Der Pächter versetzt sich in die Zielgruppe hinein und schreibt:
»Dein Studium geht vor, na klar. Aber Kohle muss auch reinkommen. Und nicht zu Vorlesungszeiten malochen. Mindestlohn? Mindestens! – Das kannst du alles haben, und zwar in unserem Café. 10 Stunden die Woche, an 2 Tagen deiner Wahl, 16 bis 21 Uhr.

Zieh dir deine bequemsten Turnschuhe an. Binde dir unsere Kellnerschürze um. Du kannst hoffentlich mit einem Tablet umgehen. Sei fix, sei freundlich, sei geduldig. Das üppige Trinkgeld kannst du gerne behalten. Bewirb dich über unser Online-Formular. Und ja, wir brauchen ein Selfie von dir. Aber bitte kein Duck-Face machen.«

PROCRUITING STATT RECRUITING

Bitte was?! Ja: Das neue Re-cruiting heißt Pro-cruiting. Die alte Form des Recruiting impliziert, dass ein Betrieb wartet, bis sich Leute auf ihn zubewegen. Das Procruiting macht es anders: Der Betrieb geht raus und bietet sich aktiv auf dem Bewerbermarkt an. Diese neue Form der Akquise entspricht der heutigen Arbeitsmarktsituation und dem Selbstverständnis der (jüngeren) Bewerber. Denn diese sind nicht mehr nur einfach froh, irgendwo unterzukommen, sondern wollen sehr genau wissen, bei wem und zu welchen Bedingungen sie ihre Arbeit, ihre Zeit, ihre Energie verkaufen. Höchste Zeit, es den Interessierten so angenehm wie möglich zu machen – und dabei authentisch zu bleiben!

GANZ EASY UND GESCHMEIDIG DURCH DEN DIGITALEN PROZESS

Wo sind die jungen Leute sowieso gefühlt alle zehn Sekunden? Genau, an ihren Smartphones. Wenn du es ihnen einfach machen willst, richtest du einen Bewerbungsprozess ein, der bequem via Smartphone zu durchlaufen ist. Das ist übrigens auch für dich selbst besser. Du hast sofort alle Daten komprimiert und digital vorliegen und musst dich nicht erst durch einen Haufen Papier arbeiten. Wenn du deinen Bewerbern einen solchen digitalen Weg ebnest, müssen auch hier alle Texte stimmen. Standardisierte Texte sind genau wie bei den Buchungsportalen tabu (vgl. **KAPITEL 18**).

Der Familienbetrieb **Schindlerhof** führt Bewerber vom Menüpunkt »Jobs« auf der Homepage direkt zu einer eigenen Website, die umfassend über den Betrieb, seine Werte, das Team usw. informiert. Verschiedene Blogartikel und Videos runden das Bild ab, das sich der Interessent vom potenziellen Arbeitgeber machen kann. Und natürlich kann man sich dort online bewerben. Das Formular ist in freundlicher und direkter Tonalität betextet. So heißt die Überschrift einfach »Bewirb dich«, bei der Angabe der Stelle steht »Mein Wunschjob« und gleich dahinter sicherheitshalber »Alternativ könnte ich mir auch vorstellen« (mit Auswahlmöglichkeit). Alle Bewerbungsunterlagen können direkt als Datei hochgeladen werden.Ein Arbeitgeber, der das Procruiting verstanden hat und auf seine Bewerber mit ausgebreiteten Armen zugeht.

www.schindlerhof.de/de/schindlerhof/jobsausbildung

Mitarbeiter finden

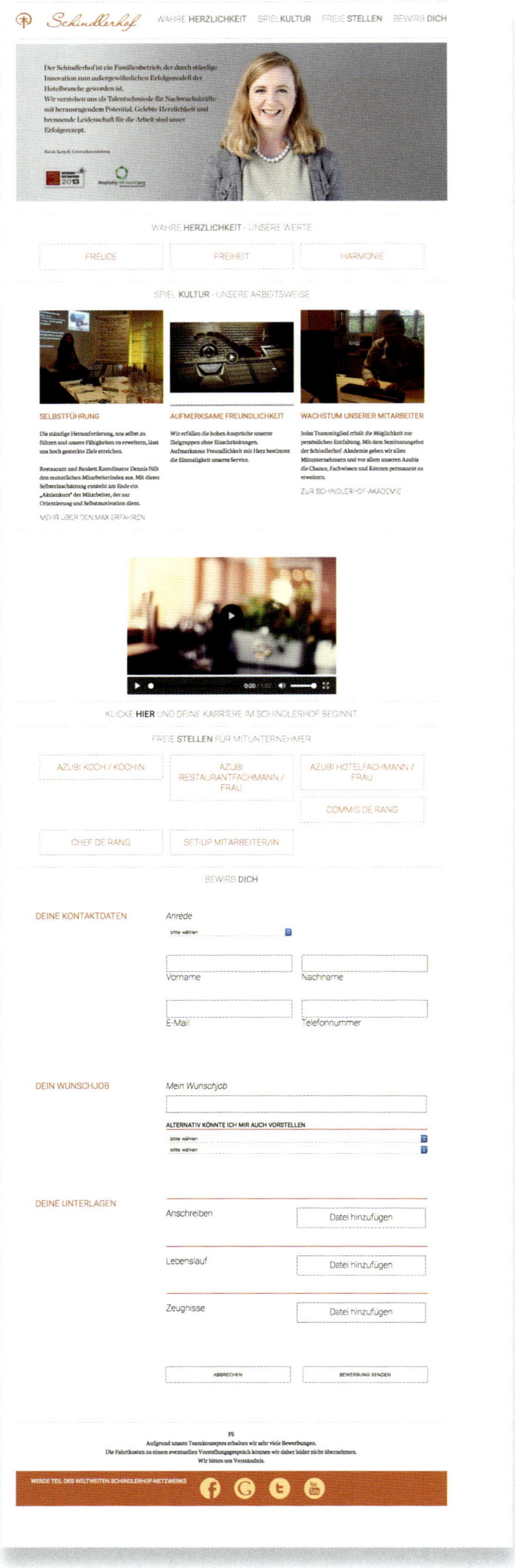

Schindlerhof

WAHRE HERZLICHKEIT · SPIEL KULTUR · FREIE STELLEN · BEWIRB DICH

WAHRE HERZLICHKEIT · UNSERE WERTE

FREUDE	FREIHEIT	HARMONIE

SPIEL KULTUR · UNSERE ARBEITSWEISE

SELBSTFÜHRUNG

Die ständige Herausforderung, uns selbst zu führen und unsere Fähigkeiten zu erweitern, lässt uns hoch gesteckte Ziele erreichen.

Restaurant und Bankett Koordinator Dennis füllt den monatlichen Mitarbeiterindex aus. Mit dieser Selbsteinschätzung entsteht am Ende ein „Aktionskurs" der Mitarbeiter, der zur Orientierung und Selbstmotivation dient.

MEHR ÜBER DEN MAX ERFAHREN

AUFMERKSAME FREUNDLICHKEIT

Wir erfüllen die hohen Ansprüche unserer Zielgruppen ohne Einschränkungen. Aufmerksame Freundlichkeit mit Herz bestimmt die Einmaligkeit unseres Service.

WACHSTUM UNSERER MITARBEITER

Jedem Teammitglied erhält die Möglichkeit zur persönlichen Entfaltung. Mit dem Seminarangebot der Schindlerhof-Akademie geben wir allen Mitarbeiternehmern und vor allem unseren Azubis die Chance, Fachwissen und Können permanent zu erweitern.

ZUR SCHINDLERHOF-AKADEMIE

KLICKE **HIER** UND DEINE KARRIERE IM SCHINDLERHOF BEGINNT

FREIE STELLEN FÜR MITUNTERNEHMER

AZUBI KOCH / KÖCHIN	AZUBI RESTAURANTFACHMANN / FRAU	AZUBI HOTELFACHMANN / FRAU
		COMMIS DE RANG
CHEF DE RANG	SET-UP MITARBEITER/IN	

BEWIRB DICH

DEINE KONTAKTDATEN

Anrede
bitte wählen

Vorname | Nachname

E-Mail | Telefonnummer

DEIN WUNSCHJOB

Mein Wunschjob

ALTERNATIV KÖNNTE ICH MIR AUCH VORSTELLEN
bitte wählen
bitte wählen

DEINE UNTERLAGEN

Anschreiben — Datei hinzufügen

Lebenslauf — Datei hinzufügen

Zeugnisse — Datei hinzufügen

| ABBRECHEN | BEWERBUNG SENDEN |

PS
Aufgrund unseres Teamkonzeptes erhalten wir sehr viele Bewerbungen.
Die Fahrtkosten zu einem eventuellen Vorstellungsgespräch können wir daher leider nicht übernehmen.
Wir bitten um Verständnis.

WERDE TEIL DES WELTWEITEN SCHINDLERHOF-NETZWERKS

VIELLEICHT MAL EHRLICH?

»Kreatives Team«, »angenehme Arbeitsbedingungen«, »leistungsgerechte Vergütung«, »aussagekräftige Bewerbungsunterlagen« – das spricht niemanden mehr an. Es ist langweilig, austauschbar und so allgemein formuliert, dass der Wahrheitsgehalt so gering ist wie der Koffeingehalt in einer Ovomaltine. Jetzt mal angenommen, du brichst mutig aus diesem herkömmlichen Schema aus und beschreibst es so, wie es in Wirklichkeit ist:

- **Statt »kreatives Team« lieber:** Wir sind ein zusammengewürfelter Haufen von Leuten, die eigentlich nur eins gemeinsam haben: Wir kommen gern zur Arbeit. Weil sie nämlich (meistens) Spaß macht.
- **Statt »angenehme Arbeitsbedingungen« lieber:** Es ist hart, hier zu arbeiten. Ohne Wenn und Aber. Das Angenehmste sind die Kollegen. Ole, der immer einen flotten Spruch auf den Lippen und jede Menge Tattoos auf den Oberarmen hat. Katja, die alle Geheimnisse unserer Stammgäste kennt und vor jeder Überraschung gefeit ist. Mehmet, der Hände aus Asbest hat und die besten gegrillten Steaks der Welt machen kann. (Stell dich gut mit ihm! Erklären wir dir später.)
- **Statt »leistungsgerechte Vergütung« lieber:** Die Chefin zahlt Tarif. Und auch wieder nicht. Wer nämlich dauerhaft gute Leistung bringt (frag sie, was gute Leistung ist), bekommt jede Menge Extras: Freizeit, Bonuszahlungen, Rabatte. Sogar ein Dienstmoped ist vorgesehen. Streng dich an. So wie wir. Lohnt sich.
- **Statt »aussagekräftige Bewerbungsunterlagen« lieber:** Wer bist du? Woher kommst du? Was willst du erreichen? Was ist dir wichtig? Lass den Kram mit dem tabellarischen Lebenslauf, der ja doch nur unschöne Lücken bloßstellt. Schreib lieber Klartext. Wir wollen dich kennenlernen. Aber richtig.

SCHON EINE ANDERSARTIGE HEADLINE HILFT

Mach auf dich aufmerksam, indem du die üblichen Floskeln weglässt und mit dem Überraschungseffekt arbeitest. Das Online-Stellenportal der AHGZ »jobsterne« wirbt z. B. mit: **Kissen suchen akkurates Auge. Dein neuer Job wartet auf dich!**
Ein Beispiel aus einer anderen Branche: Das Capita Callcenter sucht junge Leute für ihr Servicecenter mit der Headline: »Handytarif-Unterschieds-Verdeutlicherin«. Daneben ein Foto von einer jungen Frau, nicht geschönt, sondern sehr authentisch, einfach und fröhlich.

Welchen sprachlichen Trick hat der Texter hier angewandt? Er/Sie hat die klassische Job-Bezeichnung genommen und heruntergebrochen auf die häufigste Tätigkeit, die jemanden in diesem Job erwartet. Wie könnte das für deine Branche aussehen?

- Servicekraft im Café: Jubelnde Torten-Beschreiberin
- Chefkoch: Dompteur für Küchenbrigade
- Rezeptionist: Zimmerbelegung-auswendig-Kenner mit hellseherischer Gäste-Kenntnis
- Zimmermädchen: Frau Holle mit Putzfimmel

LOCKERHEIT SCHADET NICHT, AUCH WENN DAS BUSINESS KNALLHART IST

Motel One hat die klassischen Bewerbungsmappen abgeschafft. Stattdessen setzen die erfahrenen Recruiter auf den persönlichen Kontakt, z. B. beim Motel One Career Day, den sie in einem ihrer Häuser durchführen. Sie zeigen den Interessierten das Gebäude, erklären die Grundprinzipien der starken Marke und nehmen sich Zeit für ausführliche Gespräche. Quereinsteiger sind grundsätzlich willkommen, und dies wird auch im Vorfeld kommuniziert. Rückt eine Bewerberin oder ein Bewerber in den engeren Kreis auf, wird es nicht ganz ohne schriftliche Angaben gehen. Interessant ist bei diesem Recruiting-Ansatz jedoch der Aspekt des ausführlichen, unverbindlichen Gesprächs, das ganz an den Anfang des Prozesses gestellt wird. Das spart nachher im Bewerbungsprozess viel Zeit: Der Interessent weiß schnell, ob ihm das Unternehmen sympathisch ist oder nicht, und springt nicht plötzlich ab, wenn schon viel investiert wurde. Für erfahrende Recruiter mit viel Menschenkenntnis ist diese Form ebenfalls ein Gewinn. Schnell finden sie heraus, ob die Person überhaupt für den Betrieb infrage kommt und müssen sich nicht auf unpersönliche Angaben verlassen, die zudem unwahr sein können.

IN SOZIALEN NETZWERKEN FISCHEN GEHEN?

Das ist eine heikle Sache. Kanäle wie Snapchat und Instagram sind für viele junge Leute eine Art Rückzugsort. Auf Facebook sind sie häufig nicht mehr, u. a. auch deshalb, weil sie dort ihren Eltern und Vorgesetzten begegnen. (Die Facebook-Nutzer werden immer älter! https://medien-mittweida.de/die-alterung-facebook/) Wenn die Recruiter nun auf die Social-Media-Kanäle der jungen Leute ausweichen, um dort zu angeln, kommt das nicht immer gut an. Zumal sie das entsprechende Medium oft nicht richtig bedienen können.

Manchmal gehen die Betriebe auch von falschen Annahmen aus: Eine Stichprobe unter Studenten hat gezeigt, dass diese keinesfalls via Messenger-Dienst, z. B. WhatsApp, von Unternehmen angesprochen werden wollen. Dabei gingen fast alle Unternehmen davon aus, dass dies der bevorzugte Kanal fürs Recruiting sei.

(Quelle: FAS, Nr. 174, 29./30.7.17)

Alles richtig machst du, wenn du über die Business-Netzwerke XING und LinkedIn mit potenziellen Bewerbern Kontakt aufnimmst. Wer in diesen digitalen Netzwerken unterwegs ist, ist offiziell und aus beruflichen Gründen dort.

SEI NETT ZU DEINEN BEWERBERN

Du weißt nach Sichtung der Bewerbungsunterlagen ungefähr, wer sich da vorstellen kommt. Aber der Bewerber weiß sehr wenig darüber, wer vor ihm sitzen wird, wenn er oder sie deinen Betrieb aufsucht. Denk an das Motto »Procruiting statt Recruiting« und mach es deinem Kandidaten leicht: Schick ihm oder ihr vorab eine kurze Info, wer beim Bewerbungsgespräch dabei sein wird und welche Funktion diese Person im Betrieb innehat. Schick am besten sogar ein Foto und eine Kurzbiografie von jeder Person mit. Erkläre ausführlich, wie der Bewerberprozess bei euch abläuft. Das ist keine Bauchpinselei, sondern ein kluger Schachzug: Du nimmst den Leuten Ängste, gestaltest eine entspannte Atmosphäre und ermöglichst ein angenehmes Gespräch. Wenn sich der Kandidat nach diesem Vorab-Bonus-Treatment wenig vorbereitet auf das Gespräch zeigt, weißt du gleich, dass er oder sie wohl eher nicht infrage kommt. Je schneller du erfährst, ob jemand geeignet ist oder nicht, desto weniger Ressourcen werden in deinem Betrieb gebunden.

Und überhaupt! Diese dämlichen Absage-Floskeln, die meist aus Unwissenheit oder Angst vor juristischen Konsequenzen benutzt werden. Entwirf eigene, wertschätzende Worte und lass diese notfalls von einem Arbeitsrechtler prüfen. Frustrierte, mit Floskeln abgelehnte Bewerber bewerten dich womöglich nachher schlecht auf den einschlägigen Arbeitgeber-Bewertungsportalen wie Kununu. Etabliere eine ordentliche Absagekultur, indem du verschiedene Vorlagen für Absageschreiben entwickelst und anwendest.

- Uns hat gefallen, wie Sie … (eine positive Eigenschaft, einen interessanten Gesprächsbeitrag usw. nennen)
- Lassen Sie uns in Kontakt bleiben. Wir freuen uns, wenn Sie sich in einem Jahr erneut bei uns vorstellen.
- Bitte lassen Sie sich durch unsere Absage nicht entmutigen. Bewerben Sie sich weiter.

JETZT MACH!

1. Wen sucht ihr händeringend? Aufschreiben. Daneben die Haupt-Tätigkeit skizzieren, die diesen Job charakterisiert. Überlegen, ob man das als Überschrift für die Stellenanzeige nehmen könnte. Beispiel: Spüler (Töpfe und Pfannen in Windeseile blitzeblank spülen). Mögliche Headline: Gebieter über saubere Töpfe und Pfannen gesucht.

2. Egal, ob ihr schon einen Online-Bewerbungstool habt oder nicht: Was brauchst du vom Bewerber? Welcher Nachweis ist dir wichtig? Verlange nur das, was dir hilft, ein Bild vom potenziellen Mitarbeiter zu erhalten. Wenn dir ein Gespräch reicht, weil du viel Gespür für Menschen hast, ist das auch in Ordnung.

3. Belaste weder den Bewerber noch dich mit unnötigem Papierkram und Verwaltungsaufwand. Ein kurzer Anruf bei einer Kollegin, die der Bewerber als Referenz nennt, ist manchmal aufschlussreicher als das ganze Zeugnis-Bla-Bla.

4. Texte eine Stellenanzeige und schreib alles ganz ehrlich auf. Wenn ihr alle Überstunden schrubbt, schreib das. Warum seid ihr trotzdem dabei? Es muss ja einen guten Grund geben. Schreib den auch auf. Teste den gnadenlos ehrlichen Text an einer unbeteiligten Person. Reaktion? Mach kleine Anpassungen, wenn nötig.

5. Wenn du ein Online-Tool programmieren lässt, texte alle kleinen Schnipsel selbst. Denk an den Duktus der gesprochenen Sprache (vgl. **KAPITEL 4**).

6. Meldet sich ein Bewerber, reagiere sofort, und zwar auf dem Kanal, den er oder sie auch gewählt hat. Wenn du merkst, dass Bewerber häufig über den Instagram-Account deines Betriebes kommen, weil die Bilder da so toll sind, nutze diesen Kanal auch als Procruiting-Maschine. Richte deine Bilderwelt auch auf die Wahrnehmung von potenziellen Mitarbeitern aus.

DER ANHANG

Die Mega-Checkliste

Alle Punkte, an denen du geniale Texte unterbringen kannst

Die folgende Liste ist nach Themen geordnet. Überflieg sie mal und kreuze diejenigen Kontaktpunkte an, die für deine Gäste bedeutsam sein könnten. Es geht immer um die Stellen, die du abgesehen von den Haupttexten nicht vergessen solltest.

Manche Punkte tauchen mehrfach auf: wenn sie für verschiedene Themen infrage kommen.

Du vermisst einen Punkt?! Dann freuen wir uns sehr, wenn du uns deine Ergänzung direkt durchgibst: geniale-texte@text-vanlaak.de.

PRINTPRODUKTE

- Imagebroschüre
- Flyer
- Hauszeitung
- Hausmagazin
- Aufsteller auf dem Tisch, in der Lobby, Bar usw.
- Postkarten
- Gutscheine
- Notizheftchen
- Einwickelpapier
- Karte, die ein Event ankündigt
- Kleine Papp-Anhänger
- Garderobenmarke
- Gästemappe
- Anzeigen in Zeitungen und Zeitschriften
- Aushang

AM TISCH

- Platzdecken
- Aufsteller
- Reserviert-Schilder
- Banderole um die Serviette
- Untersetzer für Getränke
- Hinweise auf Inhaltsstoffe
- Menükarte
- Getränkekarte, Weinkarte
- Namen für Speisen
- Namen für Drinks
- Belege aus dem Kassensystem

IM ZIMMER

- Türhänger
- Erklärkarte für TV, Klimaanlage, Unterhaltungselektronik usw.
- Kosmetik
- Grußkarte
- Gästemappe
- Hinweise auf Handtuchwechsel, Wäsche- & Schuhputzservice usw.
- Hinweise auf Minibar, Kitchenette, Wasserkocher
- Ein Haben-Sie-an-alles-gedacht?-Schild
- Packliste als Anreiz zur Wiederkehr

AUSSEN UMS HAUS

- Eingang
- Parksituation
- Wegweiser zum Restaurant und anderen Einrichtungen im Haus
- Menükarte in Außenvitrinen
- Fahrradabstellplatz
- barrierefreie Zugänge
- Außenbereiche wie Terrasse, Biergarten usw.
- Richtungsangaben (zur Stadt, zum See usw.)
- Verbotsschilder
- Raucherzonen
- Handschriftliche Info auf Fensterglas

INNEN IM HAUS
- ◻ Wegeleitsystem (logische Zimmernummerierung?)
- ◻ Wegweiser zu verschiedenen Funktionsbereichen (Rezeption, Wellness, Garderobe)
- ◻ Toiletten
- ◻ Zimmernamen
- ◻ Zimmerkategorien
- ◻ Bezeichnungen für Frühstücks-, Speiseraum, Bar usw.

RUND UMS EINCHECKEN
- ◻ Formular zum Ausfüllen für den Gast
- ◻ Kärtchenhülle für die Zimmer-Chipkarte
- ◻ Anhänger für den Zimmerschlüssel
- ◻ Stadtplan
- ◻ Plan des Betriebsgeländes
- ◻ Merkzettel/-karte mit Öffnungszeiten von Restaurant, Spa usw.
- ◻ Kofferanhänger
- ◻ Garderobenmarke

TEXTE ZUM HÖREN
- ◻ Telefonansage
- ◻ Warteschleife
- ◻ Auswahlmenü am Telefon
- ◻ Ansage im Aufzug

NAMEN FÜR
- ◻ Zimmerkategorien
- ◻ Zimmer
- ◻ Produkte
- ◻ Arrangements
- ◻ Events
- ◻ Funktionsräume im Haus
- ◻ Gerichte & Drinks

WEBSITE
- ◻ Menüpunkte
- ◻ Buttons
- ◻ Chat-Angebot
- ◻ Hinweis auf Blog
- ◻ Hinweise auf aktuelle Events und Angebote
- ◻ Echtzeit-Infos / Call-to-Action
- ◻ Teaser-Texte
- ◻ Bildunterschriften
- ◻ Titel für Videos
- ◻ Hinweise auf Social-Media-Kanäle
- ◻ Bestätigungstexte nach Anfragen und Buchungen
- ◻ Anfahrt
- ◻ Impressum
- ◻ Formulare
- ◻ ALT-Titel bei Bildern und Grafiken
- ◻ Links
- ◻ Microsite für spezielle Inhalte
- ◻ Description und Seitentitel (frag deinen Programmierer)

BLOG
- ◻ Bezeichnungen für einzelne Kategorien (Region, Wandern, Shoppen usw.)
- ◻ Teaser-Texte
- ◻ Bildunterschriften
- ◻ ALT-Titel für Bilder / Grafiken

RESERVIERUNGEN, BUCHUNGEN, PORTALE
- ◻ Auskunft, ob noch etwas frei ist und in welcher Kategorie
- ◻ Reservierungsbestätigung
- ◻ Buchungsbestätigung
- ◻ Rechnung

- Stornobedingungen
- Hinweise für den Aufenthalt
- Empfehlung für die Anreise
- Erinnerungsmail kurz vor dem Aufenthalt
- Begrüßungsmail / Textnachricht
- Verabschieden und Nachhaken, ob es ein angenehmer Aufenthalt war
- Reaktion auf No-Shows
- Teaser-Text auf Portalen (die wichtigen ersten 10 Wörter!)
- Beschreibungstext des Betriebs

TEXTNACHRICHTEN

- Vorabinfos zum Aufenthalt, Wetter, Parken, Events etc.
- Aktuelle Infos zur Speisekarte, Wellness-Bereich usw.
- Begrüßung nach dem Einchecken
- Infos über Events im Hause
- Infos über besondere Arrangements
- Begrüßung an bestimmten Feiertagen
- Glückwünsche zum Geburtstag, Hochzeitstag etc.
- Verabschiedung
- Hinweis zur Verkehrslage für die Reise usw.
- Elektronischer Check-in mit Zimmercode aufs Smartphone

E-MAIL

- Betreffzeile
- Signatur
- Hinweis auf Anhänge
- Bestätigungstexte für Newsletter-An/Abmeldungen

FACEBOOK

- kurzer Info-Text, der dich/dein Unternehmen vorstellt
- Bildunterschriften
- ALT-Titel
- Cards mit Texthäppchen
- Unterschriften/Bezeichnungen für Videos

INSTAGRAM

- Überschriften für Profile
- Bildunterschriften
- ALT-Titel
- Text für einen City-Guide

DINGE, DIE DER GAST MIT NACH HAUSE TRÄGT

- Papiertragetaschen
- Flyer mit Speisenauswahl
- Kofferanhänger
- Postkarten
- Produkte, Produktverpackungen, Produktbeschreibungen
- Geschenk-Gutscheine
- Einwickelpapier
- Notizheft
- Kugelschreiber, Bleistift
- kleine Anhänger aus Pappe
- Grußkärtchen vom Zimmer-Service
- Mini-Daumenkino, z. B. mit einer Story über den Betrieb
- Servietten-Banderole
- Badeschlappen

FRAGELISTE

Damit kommst du ruckzuck an Inhalte

Ergänze diese Liste, wenn dir eine weitere geniale Frage einfällt. Schon mit der Antwort auf eine einzige Frage hast du Material für die Hauszeitung oder für einen Facebook-Post oder einen Blogbeitrag.

FRAGEN AN TEAMMITGLIEDER
1. Dein Lieblingsort in diesem Haus? Warum?
2. Wie ist dein Weg zur Arbeit? Wie stimmst du dich auf den Tag ein?
3. Bist du schon immer im Service / Köchin / Rezeptionist usw. gewesen? Falls nein: Was hast du vorher gemacht?
4. Was würdest du am liebsten tun, wenn du dir innerhalb des Hauses für ein Jahr eine Position aussuchen könntest?
5. Welches Zimmer / Gericht / Wein würdest du dir aussuchen, wenn du Gast in diesem Hause wärst?
6. Wie erklärst du einem 4-jährigen Kind deinen Job?
7. Wie erklärst du deinen Eltern, was du genau machst?
8. Hast du einen Tipp für junge Leute, die gerne etwas im Bereich Gastronomie/ Hotellerie machen würden?
9. Hast du dir deine Ausbildung hier im Betrieb so vorgestellt? Was ist anders als du dachtest?

FRAGEN AN GÄSTE
1. Wie oft waren Sie bereits hier?
2. Wie sind Sie auf uns gekommen?
3. Was ist Ihr Lieblingszimmer / -gericht / -getränk / -ort hier bei uns im Hause?
4. Wenn Sie diesen Betrieb einem Nachbarn kurz beschreiben müssten, was würden Sie sagen?
5. Wenn Sie selbst einen gastronomischen Betrieb / Beherbergungsbetrieb aufmachen würden, was wäre das für einer?
6. Wenn dieser Betrieb ein Tier wäre, was wäre das für eins? Welche Eigenschaften verbinden Sie mit dem Tier?
7. Wenn Sie hier etwas zu verbessern hätten, was wäre das?
8. Wenn Sie hier etwas vorbildlich umgesetzt finden, was ist das?

FRAGEN AN LIEFERANTEN
1. Seit wann belieferst du diesen Betrieb?
2. Kannst du eine Anekdote aus turbulenten Zeiten erzählen?
3. Was findest du an diesem Betrieb besonders? Falls es nichts Besonderes gibt: Was ist so gewöhnlich an diesem Betrieb?
4. Hast du eine genaue Vorstellung davon, was mit deinen Produkten geschieht, nachdem du sie hier abgeliefert hast?
5. Warst du hier schon einmal selbst essen / hast hier schon einmal selbst übernachtet? Wie war das?

6. Fällt dir irgendetwas an diesem Betrieb auf (egal ob negativ oder positiv), was du von anderen Betrieben nicht so kennst?

7. Wenn du einen Tag lang diesen Betrieb führen müsstest, was würdest du anders machen?

FRAGEN AN ANDERE EXTERNE

1. Touristinformation: Wie schildert Ihr unseren Betrieb, wenn jemand in der TI fragt?

2. Verwaltungsangestellter: Ist den meisten in Ihrer Verwaltung unser Betrieb ein Begriff? Was wird über ihn erzählt?

3. Feuerwehr: Gab es schon einmal einen Einsatz bei uns? Warum? Wie war das?

4. NGO, z. B. Greenpeace: Handelt unser Betrieb eigentlich in eurem Sinne? Wie genau? Oder warum nicht?

5. Alteingesessener Dorf- / Stadtbewohner: Erinnern Sie sich an die Anfänge dieses Betriebs? Wie war das früher?

6. Kindergarten: Wisst ihr, was man bei uns machen kann? Wollt ihr später mal so einen Beruf machen?

7. Schule: Wisst ihr, welche Ausbildungen man bei uns machen kann? Welche Vorstellung habt ihr von den einzelnen Ausbildungen?

GENAU 3 LITERATUREMPFEHLUNGEN

Wenig, dafür gute Lektüre

Hier steht nicht viel, und das hat Methode: Lies zu jedem Thema nur ein einziges Buch, dafür aber ein richtig gutes. Hier stehen nur solche, die für die Praxis taugen.

1. Wenn du mehr darüber wissen willst, wie du gute Geschichten erzählst:
   Petra Sammer: Storytelling. Die Zukunft von PR und Marketing. O'Reilly Verlag 2014.

2. Wenn du besser verstehen möchtest, wie der User tickt: Steve Krug:
   Don't make me think. Web Usability: das intuitive Web. MITP Verlag 2006.

3. Wenn du tiefer ins Texten fürs Web eintauchen möchtest:
   Petra van Laak: Clever texten fürs Web. So bringen Sie Ihr Unternehmen zum Glänzen – auf Homepage, Blog, Facebook und Co. Dudenverlag 2017.

ÜBER DIE AUTORIN

WENN WÖRTER UNTERNEHMEN WEITERBRINGEN

Seit 2008 unterstützt Petra van Laak mit ihrer mehrköpfigen Text-Agentur Unternehmen dabei, ihre Wirkung nach außen und innen zu verbessern. Denn wer empathisch mit seinen Kunden, Lieferanten und Mitarbeitern kommuniziert, erzielt bessere Ergebnisse. Ihre Auftraggeber kommen aus Deutschland, Österreich und der Schweiz. Schwerpunkt-Branchen sind Tourismus, Gastronomie, Hotellerie, Industrie und Finanzwirtschaft.

ÜBERALL HIER IST PETRA VAN LAAK IN IHREM ELEMENT:

1 Workshops/Seminare geben

Lachen erlaubt! Und nebenbei etwas lernen, z. B. zu den Themen Texten fürs Web, Storytelling und moderne E-Mail-Kommunikation. Spezialthema gefragt? Ist ihr eine Freude!

2 Vorträge/Impulsreferate halten

Kurzweilig, amüsant und gespickt mit praxisnahen Infos. Von 20-minütigen Keynotes bis hin zur impulsgebenden Vortragsreihe: Erkenntniszuwachs ist garantiert.

3 Für Unternehmen texten

Gott. Sex. Tod. Geld. Und schon hast du die Aufmerksamkeit deines Lesers. Aber gute Texte brüllen nicht, sie ~~flüstern~~ *knistern*.

4 Unternehmenssprachen entwickeln

Reden, wie einem der Schnabel gewachsen ist? – Nicht in Unternehmen, die auf eine prägnante, einheitliche Kommunikation Wert legen. Dazu entwickelt die Agentur Text:vanLaak individuelle Corporate Languages. Und zwar nach der bewährten Text:vanLaak-Methode.

MEHR ÜBER PETRA VAN LAAK ERFAHREN?
>> www.text-vanlaak.de
>> www.petravanlaak.de

Folge Petra van Laak auf Instagram: petra_vanlaak; #genialetexte

dfv Matthaes
Verlag

ISBN 978-3-87515-316-3

© 2018 Matthaes Verlag GmbH, Stuttgart – Ein Unternehmen der dfv Mediengruppe
Alle Rechte vorbehalten.

Gestaltung und Satz: die basis, Jeanne van Stuyvenberg, Wiesbaden
Cover: Fotografie: Paul Weiss, Gestaltung: www.die basis.de
Lektorat: Dr. Ulrike Strerath-Bolz, usb bücherbüro, Friedberg/Bayern